Anne Katrin Matyssek

Führungsfaktor Gesundheit

Anne Katrin Matyssek

Führungsfaktor Gesundheit

So bleiben Führungskräfte und Mitarbeiter gesund

Bibliografische Information der Deutschen Bibliothek

Die Deutsche Bibliothek verzeichnet diese Publikation in der
Deutschen Nationalbibliografie; detaillierte bibliografische
Daten sind im Internet über http://dnb.d-nb.de abrufbar.

ISBN 978-3-89749-732-0

Lektorat: Susanne von Ahn, Hasloh
Umschlaggestaltung: +malsy Kommunikation und Gestaltung, Willich
Umschlagfoto: Pixland/Corbis
Satz und Layout: Lohse Design, Büttelborn
Druck und Bindung: Salzland Druck, Staßfurt

© 2007 GABAL Verlag GmbH, Offenbach
Alle Rechte vorbehalten. Vervielfältigung, auch auszugsweise,
nur mit schriftlicher Genehmigung des Verlages.

www.gabal-verlag.de
www.gabal-shop.de
www.gabal-ist-ueberall.de

Inhalt

Auf einen Blick – Wegweiser 9

Vorwort 10

1 **Warum es Zeit ist für ein Schulterklopfen** 13
  Sie sitzen zwischen allen Stühlen 14
  Sie müssen auf die Zahlen achten:
  Ihr Chef will Resultate 17
  Sie müssen auf Ihre Leute achten:
  Der Mensch geht vor 19
  Sie müssen auf sich selbst achten:
  Und wo bleiben Sie? 21

2 **Wieso Sie nicht länger am Limit arbeiten können** 24
  Führungskräfte ohne Kräfte 25
  Bevor der Körper streikt 27
  Wie die Psyche Schaden nimmt 29
  Das Sozialleben gerät unter Druck 31

3 **Welche Bedürfnisse Menschen am Arbeitsplatz haben** 35
  Mindestanforderung: Sich nicht unwohl fühlen 36
  Der Mensch arbeitet nicht fürs Brot allein 40
  Dicke Luft? – Die Botschaft
  hinter den Beschwerden 44

4 **Wie Sie Ihre Mitarbeiter wirklich erreichen** 47
  Gefühle sind der Motor von allem 48
  Sich selbst als Mensch zeigen:
  Herz ist Trumpf 51
  Mitarbeiter als Menschen ansprechen 53

Inhalt

5 Wie Sie Wertschätzung ausdrücken, ohne sich anzubiedern **58**
Wertschätzung – eine Frage der Haltung 59
Wirklich wertschätzen kann man nur,
wen man kennt 64
Wertschätzung zahlt sich für Sie aus 66

6 Wie Sie zu einem positiven Arbeitsklima beitragen **69**
Warum das Klima wichtig ist .... .69
Wie Sie als Führungskraft das Klima beeinflussen 71
Was Sie bewusst fürs Klima tun können 73
Warum Sie auch in Sachen Stimmung
bei sich beginnen sollten 78

7 Wie Sie psychische Belastungen Ihrer Mitarbeiter puffern **80**
Soziale Unterstützung vermindert den Druck 81
So werden Sie zum Blutdrucksenker 84
Suchen Sie das achtsame Gespräch mit
Ihren Mitarbeitern 87
Geben Sie Ihren Mitarbeitern den Rhythmus vor 90

8 Wie Sie konstruktiv und wertschätzend Kritik äußern **94**
Verständnis erleichtert Ihnen die Arbeit 95
Der Kontakt muss stimmen 97
Ohne Feedback keine Führung 100
Wenn der Karren richtig im Dreck steckt 102

9 Wie Sie aus der Kränkungs- Rache-Spirale aussteigen **106**
Kränkungen haben ihre eigene Dynamik 107
Als Führungskraft souverän agieren 110
Als Führungskraft Kränkungen vermeiden 113
Wertschätzend bleiben auch in Konfliktsituationen 114

**10 Woher Sie den Mut für gesunden
   Egoismus nehmen** 117
   Wer ist der wichtigste Mensch in Ihrem Leben? 118
   Wenn das schlechte Gewissen an Ihnen nagt 119
   Wenn andere Sie für einen Egoisten halten 121
   Argumente für gesunden Egoismus 123
   Sie sind der Chef in Ihrem Leben 125

11 Wie Sie auch unter Stress gelassen bleiben 128
   Wie sich Ihr Führungsverhalten unter Stress verändert . . . 129
   Es gar nicht erst so weit kommen lassen 131
   Wenn Ihnen doch einmal der Ton entglitten ist 135

12 Wie Sie nach Feierabend richtig abschalten 139
   Sie brauchen ein Kontrastprogramm 140
   Schaffen Sie Klarheit für Ihre Psyche 144
   Schlafen Sie gut 147
   Sie sind nicht James Bond 151

Literaturverzeichnis 153

Stichwortverzeichnis 154

Über die Autorin 156

Auf einen Blick – Wegweiser

Wo drückt Sie der Schuh?	In welchem Kapitel finden Sie dazu Tipps?
Geht es um Sie persönlich?	
Fürchten Sie, dass Ihr Job Ihnen gesundheitlich schadet?	2
Haben Sie Probleme mit dem Abschalten oder Schlafen?	12
Bekommen Sie weniger Anerkennung, als Sie verdienen?	1
Können Sie nur schwer Nein sagen?	10
Wird Ihnen der Stress zu viel?	11
Geht es um Sie als Führungskraft?	
Wünschen Sie sich, dass Ihre Leute weniger Stress hätten?	7
Haben Sie eine Mimose im Team? Streit mit einem Mitarbeiter?	9
Müssen Sie einem schwierigen Mitarbeiter die Meinung sagen?	8
Sind Sie manchmal misstrauisch Ihren Mitarbeitern gegenüber?	5
Geht es um Ihr Team?	
Haben Sie lauter „Luschen" in Ihrem Team?	5
Gibt es Knatsch in Ihrem Team?	6
Klagen Ihre Mitarbeiter über schlechte Luft o. Ä.?	3
Könnten Ihre Mitarbeiter mehr leisten, z. B. im Verkauf?	4

Vorwort

Als Führungskraft zwischen den Stühlen

Als Führungskraft gesund, beliebt und trotzdem erfolgreich sein – geht das überhaupt? Müssen Sie nicht ohnehin schon täglich die Eier legende Wollmilchsau spielen? Zwischen oben und unten vermitteln und dabei die eigenen Ziele im Blick behalten? Genau von diesem Spannungsfeld handelt dieses Buch. Es ist für all jene gedacht, die in Führungspositionen einen Spagat vollbringen müssen zwischen eigenen Bedürfnissen, Aufgaben der Mitarbeiterführung und Anforderungen des Unternehmens. Das Buch will einen Weg zeigen, wie Sie als Vorgesetzte(r) so mit sich und Ihren Leuten umgehen können, dass am Ende alle davon profitieren: das Unternehmen, Ihre Mitarbeiterinnen und Mitarbeiter und Sie selbst. Dabei gewinnen Sie doppelt, erstens in Ihrer Rolle als Chef oder Chefin und zweitens ganz persönlich als Mensch.

In etlichen Veranstaltungen für Führungskräfte ist mir aufgefallen: Viele beschrieben sich als erfolgreich und hoch engagiert, aber sie fühlten sich ausgepowert. Andere waren auf dem Weg nach oben immer kälter geworden, agierten automatenhaft und hatten alle menschlich-sympathischen Züge abgelegt. Und dann gab es noch diejenigen mit den edelsten Motiven. Sie opferten sich regelrecht auf für ihre Leute. Sie waren bei ihren Mitarbeitern beliebt, aber leider erfolglos.

Das „two-in-one" der gesunden Führung

Dabei geht es durchaus, alle Fliegen mit einer Klappe zu schlagen, und zwar mit dem „two-in-one" der gesunden Führung. Das besagt, was Sie für sich tun, tun Sie im Grunde auch für Ihre Mitarbeiter. Und was Sie für Ihre Mitarbeiter tun, kommt Ihnen auch selbst zugute. Das Ziel des Buches ist, Ihnen hierbei den Rücken zu stärken, insbesondere, wenn Sie Kraft brauchen für einen gesunden Egoismus. Denn es geht letztlich um Sie. Führungskräfte müssen führen. Und das geht nicht ohne Ihre Gesundheit, Ihr Engagement und Ihre Menschlichkeit. Darum finden Sie in diesem Buch Tipps zum Abschalten nach Feierabend ebenso wie Ideen, um auch unter Stress gelassen zu bleiben. Gesunde Führung funktioniert – wenn Sie selbst gesund bleiben, die Mitarbeiter stressfrei motivieren und damit dauerhaft erfolgreich sind.

Ein Wort zur Verwendung der Checklisten. Ich habe bewusst keine Auflösung angegeben, wie Sie sie aus Zeitschriften kennen, so in der Art: Wenn Sie maximal drei Kreuzchen setzen, sind Sie noch auf der sicheren Seite, und wenn es mehr sind, sollten Sie aufpassen. Sie sollten vielmehr immer auf sich aufpassen und jede Frage kritisch reflektieren.

Da das Miteinander am Arbeitsplatz grundsätzlich Männer wie Frauen betrifft, müsste ich eigentlich immer von Chef oder Chefin und Mitarbeiter oder Mitarbeiterin sprechen. Das würde aber den Textfluss zerstören, weshalb ich mich für die männliche Form entschieden habe. Wenn also von einem Mitarbeiter die Rede ist, kann es sich ebenso um eine Mitarbeiterin handelt. Dies beinhaltet keine Wertung eines Geschlechts, sondern dient lediglich dem leichteren Textverständnis.

Portionsweise lesen

Falls Sie es eilig haben: Suchen Sie sich das Kapitel heraus, das für Sie im Moment den größten Nutzen verspricht. Später können Sie immer noch mehr lesen. Gönnen Sie sich gesunde Portionen, vielleicht nur ein Häppchen. Viel hilft nicht unbedingt viel, und weniger ist manchmal mehr. Sie haben so viel um die Ohren, dass Sie sich nicht noch zusätzlich ein schlechtes Gewissen machen sollten wegen ungelesener Seiten.

In diesem Sinne wünsche ich Ihnen eine anregende Lektüre und viel Erfolg auf Ihrem Weg zu einer gesunden, beliebten und erfolgreichen Führungskraft.

Do care!

Ihre Anne Katrin Matyssek

1 Warum es Zeit ist für ein Schulterklopfen

Dieter Krause, Leiter eines Vertriebsteams mit zwölf Mitarbeitern, wird kurzfristig zum Chef zitiert. Er ahnt schon, was kommt. Sein Vorgesetzter gibt ihm unmissverständlich zu verstehen: „Die Zahlen Ihres Teams sind extrem schlecht. Sie haben hier in der Region die rote Laterne. Wie steh ich als Ihr Bereichsleiter denn jetzt da? So einen miserablen Monat können wir uns nicht noch einmal leisten. Sonst könnte man ja denken, wir hätten den falschen Mann an die Spitze des Teams gesetzt. Kleiner Scherz . . ." Als Herr Krause anhebt zu erklären, warum sich die Zahlen so negativ entwickelt hätten, beendet der Chef das Gespräch mit den Worten: „Also jetzt ran ans Werk. Reden hilft nichts, Taten müssen her. Sie kriegen das schon hin. Ich verlass mich auf Sie."

Dieter Krause bleibt nichts anderes übrig: Er ändert den Einsatzplan inklusive Schichteinteilung und Urlaubssperre. Seine Mitarbeiter reagieren genau so, wie er es erwartet hat. Im Hintergrund murmeln sich einige hörbar zu: „Der hat wieder auf lieb Kind gemacht, und wir dürfen's jetzt ausbaden." Einer braust auf: „Ja, haben Sie ihm denn nicht erklärt, wieso die Zahlen in den Keller gegangen sind? Mit dem hätten Sie mal Klartext reden sollen." Eine Frau empört sich: „Wir haben unseren Urlaub in der Zeit aber schon vor Ewigkeiten gebucht!" Und eine Teilzeitkraft, Mutter von zwei Kindern, klagt: „Ich kann aber nicht noch eine Schicht übernehmen. Wie stellen Sie sich das denn vor?! Wer soll denn in der Zeit auf meine Kinder aufpassen? So was kann sich auch nur ein Mann ausdenken!" Ihre Kollegin erwidert: „Jetzt glaub mal bloß nicht, dass wir hier Extrawürstchen verteilen! Außerdem lässt du uns doch sowieso ständig hängen wegen deiner Migräne." Schon ist das Gezeter im vollen Gang und Dieter Krause würde am liebsten laut dazwischengehen. So hatte er sich die Führungsposition

1 Warum es Zeit ist für ein Schulterklopfen

nicht vorgestellt. Er war angetreten, um es besser zu machen als seine bisherigen Chefs.

Geht es Ihnen auch manchmal wie Herrn Krause? Sie wollen Ihren Job so gut machen, wie es irgend geht. Und Sie bekommen viel zu wenig Anerkennung für das, was Sie tagtäglich leisten? Damit stehen Sie nicht allein. Die meisten Führungskräfte erfahren viel weniger Anerkennung, als sie verdienen.

Sie sitzen zwischen allen Stühlen

Dieter Krause hat es nicht leicht. Er muss bei hohem Tempo ein riesiges Arbeitsvolumen erledigen. Er wird ständig unterbrochen bei dem, was er tut. Er muss permanent hin- und herwechseln zwischen trivialen Vorgängen und wichtigen Entscheidungen, sich dabei immer wieder auf andere Dinge konzentrieren. Er verbringt Stunden in unproduktiven Meetings und hat wenig freie Zeit. Unmengen von E-Mails muss er lesen und in Sekunden über ihre Wichtigkeit entscheiden, viele davon beantworten. Außerdem muss er planen, delegieren, steuern, kontrollieren. Und bei all dem soll er auch noch warmherzig und einfühlsam sein und auf jeden Mitarbeiter individuell eingehen.

Zwischen Sach- und Beziehungsaufgabe

Geht es Ihnen ähnlich? Als Führungskraft auf der mittleren Hierarchieebene müssen Sie stets zwei Aufgaben gleichzeitig erfüllen: einmal die Sach- oder Fachaufgabe – das ist das, was Sie gelernt haben – und andererseits die Beziehungsaufgabe. Die Sachaufgabe trägt direkt zur Produktivität bei, die Beziehungsaufgabe indirekt. Wie Sie den Kontakt zu Ihren Mitarbeitern gestalten, hat großen Einfluss darauf, ob diese sich am Arbeitsplatz wohlfühlen und motiviert sind, gute Leistungen zu erbringen. Die Beziehungsaufgabe bedeutet beispielsweise: Sie sollen Ihren Mitarbeitern Sinn vermitteln, sie unterstützen, anlernen, ihnen Feedback geben, sie kontrollieren, ohne zu gängeln, sie weiterentwickeln und ihnen Selbstentfaltung ermöglichen. Darüber hinaus müssen Sie auch noch motivieren, in keinem Fall dürfen Sie demotivieren. Und je nachdem, was in Ihrem Team gerade los ist, müssen Sie sanktionieren, Konflikte lösen, Streit schlichten, integrieren. Und nun sollen Sie auch noch

Wertschätzung vermitteln, für ein gutes Klima sorgen und psychische Belastungen Ihrer Mitarbeiter puffern. Und all das, obwohl Sie doch selbst belastet sind. Manche Führungsratgeber schreiben: Führung ist ein ewiger Eiertanz. Und das trifft es. Das Beispiel des Dieter Krause zeigt, wie schmerzhaft dieses Balancieren sein kann.

Sie sitzen als Führungskraft immer zwischen den Stühlen, insbesondere wenn Sie eine Sandwich-Position innehaben. Dann müssen Sie nämlich mit mindestens drei Bedürfnisinstanzen jonglieren und in jeder Minute Ihres Tages entscheiden, welche gerade oberste Priorität hat. Da ist Ihr Vorgesetzter, der Resultate sehen will. Wie Sie sie erzielen, ist ihm möglicherweise gleichgültig. Er interessiert sich nur für Fakten und seine eigene Zielerreichung, zu der Sie mit Ihren Leuten Ihr Scherflein beitragen sollen. Für Rückfragen und Unterstützung steht er Ihnen vielleicht nur eine Stunde pro Woche zur Verfügung. Ansonsten ist er kaum erreichbar und kurz angebunden wie der Vorgesetzte von Herrn Krause, für den Mitarbeiterführung heißt: Bei Misserfolgen gibt es eins aufs Dach. Danach wird der Betroffene mit ein paar Mutmach-Floskeln wieder an die Front geschickt.

Aufreiben in der Sandwich-Position

Dann sind da Ihre Mitarbeiter. Wie im obigen Beispiel wünschen sich Ihre Leute von Ihnen, dass Sie sich für sie einsetzen. Sie sollen für sie ansprechbar sein und nach Möglichkeit Belastungen abfedern. Und sie möchten von Ihnen die Zeit für Rückfragen und Unterstützung, die Sie selbst von Ihrem Chef nicht bekommen. Je nachdem, wo Sie tätig sind, haben Sie darüber hinaus mit Kunden zu tun. Auch die wollen, dass Sie permanent erreichbar sind und ständig besten Service bieten. Und dann gibt es noch die privaten Bedürfnisinstanzen, Ihre Familie und das Ich. Sie wissen selbst, wo Sie am ehesten Abstriche machen. Es ist schwierig, die Balance zwischen diesen Instanzen zu halten, so dass sich keine vernachlässigt fühlt. Bei den meisten Führungskräften leidet in erster Linie das Privatleben.

1 Warum es Zeit ist für ein Schulterklopfen

> Als Führungskraft müssen Sie die Balance halten zwischen mehreren Bedürfnisinstanzen, die alle etwas von Ihnen wollen: Ihr Chef, Ihre Mitarbeiter, Ihr Kunde, Ihre Familie, Sie selbst.

Erschwerend kommt hinzu, dass eine Führungskraft ständig Zielkonflikten ausgesetzt ist. Herr Krause beispielsweise ist hin- und hergerissen zwischen dem Auftrag, hohe Umsätze zu erreichen, und der Aufgabe, sich um das Wohlergehen seiner Mitarbeiter zu kümmern. Solche Zielkonflikte kennen Sie sicherlich auch. So sollen Sie etwa Kosten sparen, indem Sie viele Kunden in kurzer Zeit bedienen, gleichzeitig darf aber der Service nicht zu kurz kommen. Ihre Leute sollen schnell arbeiten, Sie als Vorgesetzter müssen aber unbedingt auf die Einhaltung der Arbeitsschutzvorschriften achten, was Zeit kostet. Sie sollen mit Vertrauen führen, müssen aber bei Vertrauensmissbrauch für die Folgen gerade stehen. Sie sollen ehrlich zu Ihren Leuten sein, dürfen aber keine Interna weitergeben. Sie sollen Mut zu Neuerungen haben, aber es darf dadurch nicht zu Zeitverzögerungen kommen.

Sich die Existenz dieser Zielkonflikte einzugestehen, ist der erste Schritt zu ihrer Bewältigung. Sie gehören zum Job einer Führungskraft. Es hilft nicht, die Verantwortung für die Lösung solcher Konflikte bei anderen oder gar in Unternehmensleitbildern zu suchen. Da man es ohnehin nie allen recht machen kann, erleichtert es das Leben, wenn man selbst Position bezieht: eindeutig, aber nicht starr.

Mehr als nur ein Job

Fast könnte man meinen, Führungskräfte seien zu bedauern. Aber Jammern hilft nicht, und vermutlich regt sich in Ihnen auch ein bisschen Protest, wenn Sie diese Seiten lesen. Schließlich haben Sie sich selbst für die Führungsposition entschieden. Zumindest haben Sie sich auf die eine oder andere Weise dafür empfohlen. Und wenn Sie zu diesem Buch greifen, dann sehen Sie Ihre Arbeit nicht nur als einen Job, sondern als eine Aufgabe, die Sie mit Stolz erfüllt und die Sie mit Verantwortungsbewusstsein wahrnehmen. Diese Verantwortung erstreckt sich nicht nur auf Ihre Mitarbeiter, sie fängt bei Ihnen an. Wenn Sie gut auf sich selbst achten, dann können Sie auch gut auf Ihre Leute achten und mit ihnen gemeinsam die Ziele erreichen, die Sie mit Ihrem Chef vereinbart haben.

> Führen heißt in erster Linie: sich selbst führen.

Checkliste:
Wie Sie mit Zielkonflikten umgehen können
- Werden Sie flexibel. Gestatten Sie sich auch einmal eine Meinungsänderung.
- Bedenken Sie: Unternehmenswerte liefern Orientierungspunkte, aber nie eine Standardlösung.
- Steigern Sie Ihre Toleranz gegenüber uneindeutigen Situationen, denn alles hat zwei Seiten.
- Haben Sie Mut zu Bauchentscheidungen. Sie machen ja Ihren Job nicht erst seit gestern.
- Beziehen Sie Stellung, ohne auf Ihrer Meinung zu beharren.
- Suchen Sie den Austausch mit Kollegen. Der stärkt das Rückgrat und hilft, Position zu beziehen.

Sie müssen auf die Zahlen achten: Ihr Chef will Resultate

Ihr Vorgesetzter bekommt selbst Druck von oben. Also verlangt er Zahlen, Zahlen, Zahlen. Aber auch wenn Sie mit Ihrem Team das Unmögliche möglich machen: Vermutlich erhalten Sie aus Ihrer Sicht nie genug Anerkennung. Es stellt sich die Frage: Was ist denn für Sie genug, was wünschen Sie sich eigentlich? Respekt? Lobesworte für Überstunden? Das größere Büro? Einbezogen zu werden bei Entscheidungen? Dankschreiben? Gratulation zum Geburtstag? Was wollen Sie und warum? Brauchen Sie Feedback? Dann geht es Ihnen um Orientierung, um Sicherheit. Sie wollen wissen, wo Sie stehen. Das ist ein legitimer Wunsch. Oder wünschen Sie sich mehr Anerkennung für Ihre Leistung? Tappen Sie nicht in die Falle, sich vom Lob anderer abhängig zu machen. Das, was Sie leisten, wird ganz schnell zum Standard. Und Sie sind genauso schnell in einem selbstausbeuterischen Teufelskreis, der zu Lasten der Gesundheit gehen kann. Gerade bei einem nie lobenden Chef haben Sie eher einen Herzinfarkt, als dass Sie von ihm anerkennende Worte hören. Sie brauchen andere Strategien.

Geht es Ihnen überhaupt um Lob für Ihre Leistung oder nicht in Wirklichkeit um die Wertschätzung Ihrer Person? Fragen Sie sich: Warum wollen Sie Erfolg, was ist so toll daran? Dass andere dann sagen: „Bist du klasse"? Erfolg ist oft nur das Trojanische Pferd für Wertschätzung. Eigentlich wollen wir als Mensch geschätzt werden. Wir wollen geliebt werden, wie wir sind – und nicht, weil wir Großes leisten. Lob ist eben nicht genug. Wenn wir die Wertschätzung nicht bekommen können, gieren wir weiterhin nach Lob – als Ersatz. Das gilt übrigens auch für Ihren Chef.

Meist ist es so, dass die Topmanager selbst zu wenig Anerkennung erhalten – und daher oft gegenüber ihren Mitarbeitern damit geizen. Ich möchte Ihr Verständnis wecken für diese menschliche Seite von Vorgesetzten, damit Sie nicht zu sehr frustriert sind, wenn die Anerkennung ausbleibt. Nach meiner Erfahrung aus Führungskräfteseminaren gilt: Anerkennungsgeiz ist meist nicht böse gemeint, sondern der Stress ist schuld. Wer unter Stress steht, der lobt nicht, und ihm fällt dann und wann auch wertschätzendes Verhalten schwer. Das kennen Sie vermutlich von sich selbst ebenfalls. Sich diese Gründe für ausbleibende Anerkennung klarzumachen, das schafft Verständnis für die wenig lobenden Vorgesetzten.

Dem Chef das Loben erleichtern

Lobt Ihr Chef denn andere? Wenn ja, könnte es sein, dass Sie es ihm vielleicht schwer machen, Ihnen auf die Schulter zu klopfen? Introvertierte Menschen erhalten seltener anerkennende Worte als Extravertierte. Sie sollen sich natürlich nicht verstellen. Aber Sie sollten es Ihrem Chef leicht machen, Sie zu loben – zum Beispiel durch Ihren Gesichtsausdruck. Man tut sich leichter, Menschen zu mögen und zu loben, wenn sie Emotionen zeigen. Im einfachsten Fall lächeln Sie – dann weiß Ihr Chef, woran er mit Ihnen ist.

Trotzdem gibt es immer wieder Chefs, die loben nie – selbst wenn Sie noch so gute Zahlen bringen. Und auch mit denen müssen Sie irgendwie klarkommen.

Checkliste:
Wie Sie sich die Anerkennung Ihres Chefs verdienen
- Zweifeln Sie nicht gleich an sich, wenn sein Lob ausbleibt. Setzen Sie sich zu Ihrer Entlastung folgendes Motto: „Ich gehe davon aus, dass ich meinen Job gut mache – sonst hätte er ja schon etwas gesagt …"
- Vereinbaren Sie Feedbacktermine, das spricht für Sie. Sie zeigen Ihrem Vorgesetzten damit: Ihre Meinung ist mir wichtig.
- Holen Sie sich Ihre Lorbeeren, wenn Sie Berichte abliefern, z. B. per „Und?!". Seien Sie zufrieden mit „passt schon". Ihr Chef hat es bestimmt auch nicht immer leicht.
- Loben Sie ihn – er braucht es genauso. Streicheln Sie die Seele Ihres Chefs, das tut ihm gut. Sie sollen sich nicht anbiedern, aber Sie können zum Beispiel sagen: „Find ich gut, dass Sie uns schon Bescheid gegeben haben wegen des XY-Projekts – so können wir uns darauf einstellen."
- Nutzen Sie Ihre Vorbildfunktion – loben Sie Kollegen oder Kolleginnen. Dann sind Sie auch Vorbild für Ihren Chef.

Sie müssen auf Ihre Leute achten: Der Mensch geht vor

Was wollen Ihre Mitarbeiter von Ihnen und wie können Sie ihre Bedürfnisse befriedigen? Wenn Sie sich die Zielvorstellungen Ihres Vorgesetzten zu eigen machen, müssen Sie Ihre Leute extrem fordern. Als mitfühlende, wertschätzende Führungskraft können Sie es schaffen, dass Ihre Mitarbeiter mitziehen und ihre gesamte Leistungsbereitschaft einbringen. Ihre Leute machen viel Ihnen zuliebe, solange Sie den Bogen nicht überspannen und Ihre Wertschätzung nicht nur Mittel zum Zweck ist. Ihre Mitarbeiter wollen und sollen spüren, dass sie Ihnen nicht egal sind. Dann erreichen Sie sie wirklich (siehe Kapitel 4 und 5).

Echtes Interesse zeigen

Wer sich wertgeschätzt fühlt und Vertrauen empfängt, möchte sich dessen in der Regel auch würdig erweisen. Die Leistungsbereitschaft steigt. Auch die Leistungsfähigkeit ist keine Frage mehr, weil Sie als aufmerksame Führungskraft frühzeitig mitbekommen, wenn ein Mitarbeiter Unterstützung oder Entlastung braucht. Wer auf die Bedürfnisse seiner Leute Rücksicht nimmt, kann als Gegenleistung erwarten, dass diese sich und mit ganzem Herzen einbringen.

1 Warum es Zeit ist für ein Schulterklopfen

Kürzlich habe ich in einem meiner Seminare zur wertschätzenden Führung eine kaum glaubliche Geschichte gehört:

Lohn fürs Kümmern: Dankbarkeit

Eine Führungskraft berichtete von einer Teilzeitmitarbeiterin in einem Call-Center, die aufgeregt darum gebeten hatte, den Rest des Tages frei zu bekommen. Ihre erwachsene Tochter sei ganz aufgelöst, denn ihr Hamster sei gestorben. Da die Tochter so sehr an dem Tier gehangen habe, sei sie nun am Boden zerstört und brauche ihre Mutter als Trösterin. In den Ohren eines Unbeteiligten klingt dieser Wunsch sicherlich absurd. Was geht die Führungskraft eines Wirtschaftsunternehmens der tote Hamster der erwachsenen Tochter der Mitarbeiterin an?

Auch der Teamleiter war zunächst sichtlich irritiert. Als er aber die aufgelöste Frau vor sich sah, kam er ihrem Wunsch nach, und zwar aus mehreren Gründen: Zum einen war die Mitarbeiterin in dem Moment ganz offensichtlich nicht in der Lage, gute Telefonate zu führen. Die Kunden hätten an ihrer Stimme gehört, dass etwas nicht stimmte. Und vermutlich wäre sie nicht wirklich konzentriert bei der Arbeit gewesen. Ihre Leistungsfähigkeit und ihre Leistungsbereitschaft wären für den Rest des Tages deutlich reduziert gewesen.

Und es gab noch einen zweiten Grund, weshalb er die Frau für den Tag aus der Schicht entließ. Die Mitarbeiterin war ansonsten eher unauffällig. Sie hatte nie Extrawünsche, war nur sehr selten krank und machte ihre Arbeit normalerweise gut. Auch im Team war sie gut gelitten, aber eben eine von den Stilleren. Da sie ihm sonst nie mit Ärgernissen oder Sonderbedürfnissen gekommen war, fand der Teamleiter, sie hätte etwas bei ihm gut. Seine Entscheidung stellte sich im Nachhinein als höchst sinnvoll heraus: Die Frau war ihm so dankbar, dass er ihrer ungewöhnlichen Bitte nachgekommen war, dass sie sich fortan förmlich für ihn zerriss. Sie meldete sich von da an freiwillig zu allen Sonderschichten, sie warb bei den anderen für ihn und wurde zu einer wichtigen Stütze in seinem Team. Er hat sich mit seinem fürsorglichen Verhalten letztlich die Anerkennung aller verdient.

Auch an sich selbst denken

Bevor Sie den Wünschen anderer mit Wertschätzung begegnen können, müssen Sie diese für sich selbst empfinden. Sich nicht zu verstellen, sondern sich so zu geben, wie man ist, mit aller Herzlichkeit, aber auch mit allen Fehlern, macht einen sympathisch und beliebt. Man fühlt sich wohler und spart Kraft, wenn man sich nicht verstellen muss und neben den Bedürfnissen der Mitarbeiter auch die eigenen im Blick hat.

Checkliste:
Wie Sie sich die Anerkennung Ihrer Mitarbeiter verdienen
- Zeigen Sie Ihren Leuten, dass Sie sich um sie kümmern und sie wertschätzen.
- Lächeln Sie, wenn das Gespräch verstummt, sobald Sie den Raum betreten. Und ziehen Sie sich zurück, wenn Sie merken, dass zwei Ihrer Mitarbeiter in ein intensives Gespräch vertieft sind (solange dies nicht die Regel ist).
- Beziehen Sie Position, auch in Zielkonflikten. Gehen Sie Konflikten nicht aus dem Weg.
- Verkaufen Sie nach außen hin Ihre Erfolge als Erfolge des Teams – und Ihre Fehler als Ihre Fehler.
- Zeigen Sie sich als Mensch mit Ecken und Kanten. Seien Sie ganz Sie selbst.

Sie müssen auf sich selbst achten: Und wo bleiben Sie?

Wertschätzung ist ansteckend wie ein Virus (siehe Kapitel 5). Aber nur der kann Wertschätzung geben, der sie auch für sich selbst empfindet. Wer für sich selbst nichts übrig hat, geizt auch anderen gegenüber mit Anerkennung. Das kennen Sie vielleicht von Ihren Vorgesetzten. Dabei ist Selbstwertschätzung nicht nur eine Frage der Gene und der Erziehung. Sie fällt nicht vom Himmel, und sie ist auch nicht (nur) abhängig von Leistungen. Mit sich selbst gut umzugehen, das ist eine Kunst, die man lernen kann.

Basis Selbstwertschätzung

Das soll nicht heißen, dass Sie sich fortan nur noch selbst beweihräuchern sollen. Das wäre das andere Extrem. Nur Dumme kennen keine Selbstkritik. Menschen, die sich weiterentwickeln wollen, stellen sich und ihr Verhalten hin und wieder in Frage. Viele tun dies jedoch leider zu oft, denn sie sind aufgewachsen mit dem Sprichwort „Eigenlob stinkt". Dagegen schreibt Sabine Asgodom in ihrem fabelhaften gleichnamigen Buch: *Eigenlob stimmt*. Diese Einstellung ist vielen fremd. Aber man kann lernen, stolz auf sich zu sein und unabhängiger zu werden von der Anerkennung anderer. Selbstwertschätzung äußert sich in Gedanken und in Handlungen. Gehen Sie gedanklich freundlich mit sich um. Wenn Sie Erfolg gehabt haben, klopfen Sie sich innerlich auf die Schulter, denn es ist Ihr Verdienst, Sie waren schon immer fähig. Wenn es einen Misserfolg gab, dann sagen Sie sich ruhig manchmal (nicht immer!): Die Umstände waren schuld, ich konnte nicht anders.

Bestätigung einholen Schrauben Sie Ihre Ansprüche an andere herunter. Holen Sie sich Bestätigung statt Anerkennung durch Sätze wie: Sehen Sie das auch so? Ein Mensch, der derselben Ansicht ist wie Sie selbst, stärkt Ihnen den Rücken. Umgekehrt gilt: Der andere fühlt sich von Ihnen automatisch wertgeschätzt. Denn normalerweise fragt man ja nur solche Leute nach ihrer Meinung, die einem wichtig sind oder die man für kompetent hält. Sie machen also mit Ihrer Frage ein Kompliment und holen sich zugleich selbst Bestätigung. Außerdem erhalten Sie vielleicht einen Tipp, der Sie fachlich weiterbringt.

Sinnvoll ist auch Bestätigung außerhalb der Arbeit. Irgendwann sind Sie siebenundsechzig, und dann wollen Sie auch noch etwas vom Leben haben. Wenn Ihnen stets nur die Arbeit wichtig war, wird das schwierig. Wissen Sie hingegen, dass Sie neben einer guten Führungskraft auch ein guter Torhüter oder ein guter Kassenwart im Schützenverein sind, stärkt das heute schon Ihr Selbstwertgefühl.

Checkliste:
Wie Sie sich selbst leichter auf die Schulter klopfen
- Verbieten Sie sich Perfektionismus. Geben Sie sich testweise mit 80 Prozent Ihrer Leistung zufrieden, Sie werden sehen, ob das reicht.
- Vergleichen Sie sich nicht mit anderen. Vergleiche machen unglücklich.
- Führen Sie ein Pflichtenbuch über Ihre Aktivitäten und setzen Sie Haken oder Smileys hinter Erledigtes, die Sie vor Feierabend noch einmal anschauen.
- Fragen Sie sich jeden Abend vor dem Einschlafen: Was ist mir heute gelungen?

Wichtig ist, immer wieder innezuhalten, zum Beispiel abends im Bett, besser auch tagsüber, und sich dann zu fragen: Lebe ich noch so, wie ich es mir vorgestellt habe? Finde ich die Erfüllung und Befriedigung in meiner Arbeit, die ich mir wünsche? Wenn Sie von keiner Seite Anerkennung bekommen und auch selbst nicht mehr stolz auf sich sind, dann läuft etwas schief. Vielleicht ist nicht fehlende Anerkennung das Problem, sondern Sie sind beliebt und erreichen Ihre Ziele, aber nur, weil Sie ständig so viel arbeiten, dass Ihre Familie oder Ihre Gesundheit darunter leiden? Auch dann ist etwas nicht in Ordnung. In beiden Fällen kommen Sie zu kurz und sollten die Notbremse ziehen (siehe Kapitel 2).

> **Kompakt**
>
> **Tipps, wie Sie das Schulterklopfen bekommen, das Sie verdienen**
>
> - Geben Sie sich, wie Sie sind, und haben Sie den Mut, Position zu beziehen. Das macht Sie durchschaubar und sympathisch.
> - Erwarten Sie nicht zu viel von Ihrem Chef. Senken Sie Ihre Ansprüche und freuen Sie sich über jedes Lächeln und jedes Okay. Selig die Bescheidenen ...
> - Zeigen Sie Ihren Mitarbeitern, dass sie Ihnen wichtig sind und dass Sie sich für sie einsetzen.
> - Klopfen Sie sich auch einmal selbst auf die Schulter. Dann strahlen Sie aus, dass Sie Anerkennung verdienen.

2 Wieso Sie nicht länger am Limit arbeiten können

Klaus Herz merkt schon seit Längerem, dass etwas nicht stimmt: Termindruck, Überstunden, Ärger mit dem Kollegen aus dem Controlling, zwei unfähige Mitarbeiter, Wochenenden im Büro, zu viel Kaffee und Zigaretten, zwischendrin eine Pizza oder ein Big Mac auf die Schnelle. Erst spät abends fährt er heim, weil für Sport, Spielen mit den Kindern oder Gespräche mit der Ehefrau ohnehin die Energie fehlt. Dann trinkt er noch etwas Rotwein zum Abschalten, lässt sich ins Bett fallen und kann doch nicht schlafen. Und immer öfter hängt der Haussegen schief.

„Nur noch bis zum wichtigen Termin nächsten Monat, du weißt doch!", versucht er sich selbst und seine Frau zum Durchhalten zu bewegen. Seit einiger Zeit hat er wieder dieses Pfeifen im Ohr. Zwei Tage vor dem entscheidenden Termin bricht er zusammen und findet sich mit einem Hörsturz im Krankenhaus wieder.

Die Entwicklung des Klaus Herz ist typisch. Am Anfang stehen Fleiß, Ehrgeiz und eine ausgeprägte Karriereorientierung, am Ende Herzinfarkt, Burnout oder eine ausgeprägte Depression – oder wie hier ein Warnschuss in Form eines Hörsturzes. Dazwischen liegen ungezählte Tage mit Mehrarbeit und Überstunden ohne Pausen. In dieser Zeit sendet der Körper etliche Warnsignale, die aber meist ungehört verhallen, wie auch der Tinnitus im Beispiel. Viele Führungskräfte nehmen den Grad ihrer Erschöpfung erst wahr, wenn es schon zu spät ist. Damit schaden sie nicht nur sich selbst und ihrer Familie. Sie sind auch keine guten Führungskräfte mehr, denn ein dauergestresster oder schmerzgeplagter Chef interessiert sich nicht für das Wohlbefinden seiner Leute. Er interessiert sich nur noch für harte Fakten nach dem Motto: Nur was man zählen kann, zählt. Und darüber verliert er das, was aus einem Vorgesetzten eine

Führungskraft macht: Herzlichkeit, Wertschätzung und Freude am Kontakt. Oder können Sie sich vorstellen, dass Klaus Herz darauf noch Lust hat?

Eine Führungskraft, die kopfschmerzgeplagt, dauergestresst, schlafgestört und muskelverspannt ist, kann sich nicht wirklich um ihre Mitarbeiter kümmern.

Führungskräfte ohne Kräfte

Zahlreiche Untersuchungen belegen, wie es um die Gesundheit von Führungskräften bestellt ist. Klaus Herz ist ein Paradebeispiel dafür. So fand etwa die Unternehmensberatung Kienbaum Management Consultants (2003) an 300 Führungskräften heraus: Über 70 Prozent arbeiten mehr als 50 Stunden pro Woche, und 80 Prozent arbeiten auch am Wochenende. Ein Drittel macht keine Pausen. Zwei Drittel wünschen sich mehr Zeit für Familie und Partner. Da bleibt wenig Raum für Bewegung: Die Hälfte aller Manager legt pro Tag weniger als 1000 Meter zurück. So wundert es nicht, dass über die Hälfte der Befragten über Befindlichkeitsstörungen wie Herzstolpern oder Rückenschmerzen klagt.

Bewegungsmuffel

Jede vierte Führungskraft könnte zwar ihre Arbeit reduzieren, macht hiervon jedoch keinen Gebrauch, und zwar primär aus Imagegründen. Man fürchtet, an Ansehen zu verlieren, wenn man beruflich kürzer tritt. Je nach Firma kursieren verschiedene Mythen, die auch Anwesenheit und Erreichbarkeit betreffen. Es bilden sich Philosophien von der Logik: „Wie, Sie sind nicht sieben Schrägstrich vierundzwanzig erreichbar? Dann sind Sie wohl nicht wirklich wichtig." Wenn Sie sich jetzt fragen, was das heißt, sieben Schrägstrich vierundzwanzig, dann sind Sie noch nicht ganz verloren. 7/24 meint: Sieben Tagen pro Woche rund um die Uhr. Wer es auf die Spitze treiben will, kann noch ein /365 dahintersetzen.

Es ist wichtig für Sie als Führungskraft, solche Mythen zu erkennen. Dann erst können Sie bewusst entscheiden, ob Sie bei diesen Spiel-

Führungsmythen

chen mitmachen wollen oder ob Sie darüberstehen. Solche Mythen lauten zum Beispiel:
- Der Chef muss morgens der Erste und abends der Letzte sein.
- Nur wer lange arbeitet, gilt als leistungsfähig.
- Krankheit ist ein Zeichen von Schwäche.
- Zeit für die Familie zeugt von fehlendem Einsatz für die Firma.
- Wer nicht binnen zwei Stunden auf eine Mail antwortet, ist unprofessionell.
- Derjenige mit den meisten Überstunden wird befördert.
- Ein guter Vorgesetzter läuft immer auf Hochtouren.

Wenn Wichtigkeit in der Menge der Anwesenheitsstunden am Arbeitsplatz gemessen wird, treibt das seltsame Blüten. Die Führungskraft eines großen Automobilkonzerns erzählte neulich im Seminar: „Es ist entscheidend, dass du immer das Licht brennen hast. Ob du wirklich da bist oder was du treibst, ist eigentlich egal. Aber wenn dein Licht von morgens um sechs bis abends um zehn brennt, bist du wichtig. Das macht sich gut für die Karriere." Gängig ist auch das Phänomen, dass E-Mails zeitversetzt gesendet werden, so als wären sie um Mitternacht geschrieben worden. Und in der ersten Zeile steht: Schönen guten Abend, liebe Kollegen. Wer dann nicht bis morgens um halb neun geantwortet hat, über den heißt es: Der hängt sich wohl nicht richtig rein.

Wenn wir uns täglich bei der Arbeit verausgaben und uns stark mit dem Beruf identifizieren, hat das meist zwei Gründe: einmal den Wunsch nach Anerkennung und Bestätigung, auch Selbstbestätigung, und zweitens die Angst zu versagen. Letztere ist problematisch, wie das Beispiel von Herrn Herz zeigt. Der Mensch ist von seiner Physiologie her nicht für Dauerstress gemacht. Die Natur hat uns auf schnelles Reagieren ausgerichtet. Der Urmensch konnte bei Belastungen kämpfen oder fliehen. Beide Möglichkeiten sind uns in der modernen Arbeitswelt verwehrt. Dadurch entstehen körperliche Schäden.

Erschöpfungsspirale Wenn unser Körper unter Dauerstress steht, verliert er die Fähigkeit, wieder auf Entspannung umzuschalten. Die Folgen sind ein permanent erhöhtes Erregungsniveau mit negativen Konsequenzen für das Herz-Kreislauf-System, ein geschwächtes Immunsystem und die Unfähigkeit abzuschalten. Kein Wunder also, dass Schlafstörungen so weit verbreitet sind. Vier Fünftel aller Führungskräfte leiden hin und wieder darunter. Das heißt, dass es ihnen zumindest nicht systematisch gelingt, nach Feierabend abzuschalten. Wer aber am nächsten Morgen müde und unausgeschlafen zur Arbeit geht, wird sich umso mehr anstrengen müssen, um gute Leistung zu erbringen. In der Regel wird er also am nächsten Tag länger arbeiten. Das ist oft der Beginn eines Teufelskreises, bei dem wie in dem Eingangsbeispiel Körper, Psyche und Sozialleben in Mitleidenschaft gezogen werden. Zum Glück gibt es für alle drei Bereiche Warnsignale, an denen Sie frühzeitig erkennen können, ob es an der Zeit ist, die Notbremse zu ziehen.

Bevor der Körper streikt

Viele Führungskräfte haben Angst vor einem Herzinfarkt oder einem Schlaganfall. Diese Krankheitsbilder stehen aber erst am Ende einer langen Entwicklung. Ein derartiger GAU passiert nicht von heute auf morgen, sondern bahnt sich in der Regel langsam an. Nur werden die Warnsignale, die der Körper sendet, oft ignoriert. Diese Warnsignale sind von Mensch zu Mensch verschieden. Bei Überlastung des Organismus versagt zuerst das schwächste Glied. Wo diese Schwachstelle beim Einzelnen liegt, lässt sich nicht vorhersagen. Der eine reagiert mit Magen-Darm-Beschwerden, der andere mit Migräne, viele haben Muskel- oder Rückenschmerzen, bei wieder anderen zeigt das Herz eine Rhythmusstörung.

Checkliste:
Körperliche Warnsignale, bei denen Sie innehalten sollen
- Haben Sie ein Ohrgeräusch, einen so genannten Tinnitus? Ist er in letzter Zeit lauter geworden oder ist ein Ton hinzugekommen?
- Hat sich eine andere körperliche Schwachstelle in letzter Zeit häufiger gemeldet (Kopfweh, Magen-Darm-Beschwerden, Herzrhythmus-Veränderungen, Rückenschmerzen, Hautreaktionen, Atemnot)?
- Konsumieren Sie regelmäßig, etwa viermal pro Woche, Alkohol oder Schlafmittel, um abschalten zu können?
- Leiden Sie in letzter Zeit häufiger an Infektionen?

Stress als Ursache ernst nehmen

Jedes dieser Symptome sollte zu einem Arztbesuch animieren. Wenn der Arzt keine körperliche Ursache für die Beschwerden findet, sind viele Führungskräfte erst einmal erleichtert, denn dann scheint es ja so schlimm nicht zu sein. Vielleicht haben sie sich alles nur eingebildet. Sie wissen im selben Moment, dass sie sich die Beschwerden eben nicht eingebildet haben. Aber sie nehmen die – in ihren Augen fehlende – Diagnose zum Anlass, genauso weiterzumachen wie bisher. Stattdessen sollte der Umstand, dass sich für die Symptome keine organische Ursache finden lässt, als Hinweis auf eine psychische Bedingtheit der Beschwerden verstanden werden. Das heißt nicht, dass man eine psychische Störung hat, wie viele fürchten, sondern dass der Körper die Belastungen austrägt, die die Psyche nicht bewältigen kann. Die Erkenntnis sollte daher lauten: Dann ist es wohl der Stress, der mir diese Beschwerden einbrockt.

Insbesondere Menschen mit hohen moralischen Ansprüchen denken vielleicht: Hauptsache, ich bin eine gute Führungskraft, und besser, ich leide, als dass ich meine Leute leiden lassen. Das ist eine noble Einstellung, aber sie wird der Realität nicht gerecht. Man kann keine gute Führungskraft sein, wenn man starke körperliche Beschwerden hat, denn körperliche Beeinträchtigungen lenken ab. Man igelt sich ein und meidet Kontakt. Die Aufmerksamkeit des Vorgesetzten wird bei seinen Symptomen sein und nicht beim Wohlbefinden und den Bedürfnissen seiner Mitarbeiter, von denen letztlich auch seine eigene Zielerreichung abhängt.

> Ohne Gesundheit können Sie Ihren Job als Führungskraft nicht richtig ausführen. Sie werden Vorgesetzte(r) bleiben, aber nicht mehr wirklich führen können.

Erschwerend kommt hinzu, dass sich bei Dauerstress nicht nur der Körper verändert. Auch die Psyche wird angegriffen und beeinträchtigt die Fähigkeit zu guter Mitarbeiterführung.

Wie die Psyche Schaden nimmt

Wer ständig arbeitet, ruiniert sich damit langfristig die übergeordneten Denkfunktionen. Auch Klaus Herz konnte nicht mehr klar sehen, sein Fokus war auf den Termin im kommenden Monat eingeengt. Der Blick fürs Ganze, die Planung großer Projekte, die Überprüfung von Zielen und auch die Frage nach dem Sinn gehen leichter verloren, wenn man pausenlos arbeitet. Denn dann fehlt die Distanz, die für größere Aufgaben nötig ist. Anspruchslose Routineaufgaben lassen sich zwar auch unter Dauerbelastung erledigen, aber die Konzentrationsfähigkeit und das Gedächtnis leiden, ebenso die Vitalität und die Stimmung. Gereiztheit und psychische Beeinträchtigungen nehmen zu.

Die Zahl der Arbeitsunfähigkeitstage aufgrund von psychischen Erkrankungen ist seit 1997 dramatisch gestiegen. Inzwischen belegen sie Rang 4 der wichtigsten Krankheitsarten und machen ein Zehntel aller Krankschreibungen aus. Von besonderer Bedeutung sind Depressionen. Manche Autoren bezeichnen diese sogar als „Arbeitsunfall der Moderne" (Unger und Kleinschmidt, 2006). Lange Zeit glaubte man, Depressionen entstünden aufgrund von Vererbung oder als Reaktion auf verlustreiche Erlebnisse. Doch inzwischen ist klar: Auch Dauerstress kann Depressionen verursachen.

Psychische Erkrankungen auf dem Vormarsch

Vor allem Berufe mit direktem Kontakt zu anderen Menschen sind betroffen, also Berufe, bei denen man sich emotional verausgaben kann. Dazu gehört der Job einer Führungskraft ganz sicher, zumindest wenn sie der Bezeichnung gerecht wird und tatsächlich führt. Wer sich unsichtbar hinter verschlossenen Türen und großen Schreibtischen verschanzt, persönlichen Kontakt meidet und Anweisungen nur per E-Mail verkündet, ist vermutlich weniger gefährdet. Ohne Herz kein Infarkt, kommentierte hierzu kürzlich scherzhaft ein Seminarteilnehmer.

Für die meisten mir bekannten Führungskräfte gilt jedoch das genaue Gegenteil. Sie sind ständig erreichbar, haben immer ein offenes Ohr und eine offene Tür, suchen täglich den Kontakt zu möglichst allen Mitarbeitern und kommunizieren lieber persönlich. Die meisten betrachten ihre Führungsaufgabe nicht als Job, sondern

Burnout-Gefahr

als Berufung. Ihre Fürsorgepflicht empfinden sie nicht als Pflicht, sondern als Verantwortung, die sie gern und stolz übernommen haben. Sie sind emotional stark engagiert und bemühen sich, in allem, was sie tun, ein guter Vorgesetzter zu sein. Und genau deshalb sind sie besonders gefährdet für Burnout.

> **Hintergrund**
> Es gibt bislang keine allgemein gültige wissenschaftliche Definition des Begriffs Burnout. Dementsprechend handelt sich auch nicht um ein anerkanntes Krankheitsbild. Man versteht darunter eine energetische und emotionale Erschöpfung von Menschen, die viel im Kontakt mit anderen arbeiten und sich dabei verausgaben – entweder, weil sie zu hohe Ansprüche an sich selbst stellen oder weil sie zu den hohen Ansprüchen anderer an sie nicht Nein sagen können.
> Der Burnout-Forscher Matthias Burisch unterscheidet verschiedene Phasen des Burnouts: In der Anfangsphase zeigt sich ein noch stärkeres Engagement bis hin zur Hyperaktivität. In der zweiten Phase sinkt die Arbeitsmotivation bereits, der Betroffene fühlt sich ausgenutzt. Die dritte Phase ist gekennzeichnet durch Reizbarkeit oder Niedergeschlagenheit. In der vierten Phase wird Dienst nach Vorschrift gemacht, die Leistungsfähigkeit ist deutlich reduziert, in der fünften zeigt sich eine emotionale Verflachung sowie eine Gleichgültigkeit auch hinsichtlich privater Interessen. Die sechste Phase ist gekennzeichnet durch psychosomatische Beschwerden, die siebte schließlich ist geprägt von einem Gefühl der Sinnlosigkeit bis hin zu Selbsttötungsabsichten.
> Insbesondere bei den späteren Stufen und im Endstadium ähnelt das Bild dem der Depression.

Mancher denkt: Wenn ich weniger arbeite, verliere ich meine Stelle. Aber wenn er weiterhin so viel arbeitet wie bisher, verliert er seine Gesundheit, seine Familie und schlimmstenfalls sein Leben. Und mit einem Burnout-Syndrom macht das Leben keinen Spaß mehr. Daher sollten Sie frühzeitig in sich hineinhorchen. Vielleicht können Sie warnende Signale Ihrer Psyche wahrnehmen, denn schließlich kommt auch ein Burnout nicht von heute auf morgen. Arbeits- und Lebensfreude sowie Konzentration und Gedächtnis sind oft schon zu Beginn beeinträchtigt.

Checkliste:
Psychische Warnsignale, bei denen Sie innehalten sollen
- Können Sie sich in letzter Zeit nicht mehr so gut konzentrieren?
- Ist Ihr Gedächtnis schlechter als sonst?
- Fällt Ihnen das Abschalten schwer?
- Leiden Sie unter Schlafstörungen?
- Erleben Sie Ihren Urlaub vor dem Antritt eher als Pflicht denn als Vergnügen?
- Leiden Sie unter dem Gefühl, nicht genügen zu können?
- Ist Ihnen die Freude an der Arbeit abhanden gekommen?

Zur Prävention psychischer Beeinträchtigungen helfen Abmachungen zur besseren Selbstfürsorge. Sparen Sie langfristig Energie, indem Sie Verträge mit sich selbst vereinbaren, die Sie danach nicht mehr in Frage stellen – zum Beispiel einen Vertrag darüber, bis zum 70. Geburtstag zweimal pro Woche eine halbe Stunde Ausdauersport zu treiben; oder den anstrengenden Job noch für maximal ein Jahr zu machen; oder dreimal pro Woche in der Kantine zu Mittag zu essen. Am besten fixieren Sie Ihren Vorsatz schriftlich und heben ihn irgendwo auf, wo Sie ihn garantiert wiederfinden. Dann denken Sie nicht mehr darüber nach. Denn wenn Sie zum Beispiel jedes Mal vor Ihrem Ausdauersport mit sich darüber verhandeln müssen, ob Sie dazu nun Lust oder Zeit haben, dann kostet Sie das unglaublich viel Energie, wenn Sie sich täglich fragen, ob Sie nicht vielleicht doch die Stelle wechseln sollten, ebenso.

Abmachung mit sich selbst

Das Sozialleben gerät unter Druck

Wie das Eingangsbeispiel zeigt, kann auch das Sozialleben aus den Fugen geraten, wenn man ständig am Limit arbeitet. Viele Führungskräfte ziehen sich, bedingt durch Arbeitsstress und Überstunden, aus ihrem Freundes- und Bekanntenkreis zurück. Sie nehmen sich schlichtweg nicht die Zeit dafür. Dann fehlt ihnen aber gerade die soziale Unterstützung, die sie als wichtigen Puffer gegen die Belastungen brauchen. Zu wissen, dass andere für uns da sind, ist ein wichtiger Gesundheitsschutzfaktor. Selbst wenn man nicht über die Arbeit spricht, tut der Austausch mit anderen gut. Wir fühlen uns anerkannt, ohne uns beweisen zu müssen. Wir erfahren, was ande-

Von Natur aus soziale Wesen

re denken, erhalten Bestätigung und Feedback, teilen Gefühle und bekommen neue Informationen. Das sorgt dafür, dass wir uns fit fürs Leben fühlen.

> **Hintergrund**
> Auch Erkenntnisse der Neurobiologie sprechen dafür, dass der Mensch über Sozialkontakte Energie bezieht und motiviert wird. Professor Joachim Bauer von der Universität Freiburg schreibt in seinem Buch *Prinzip Menschlichkeit* (S. 21): *"Wir sind – aus neurobiologischer Sicht – auf soziale Resonanz und Kooperation angelegte Wesen. Kern aller menschlichen Motivation ist es, zwischenmenschliche Anerkennung, Wertschätzung, Zuwendung oder Zuneigung zu finden und zu geben."* Bauer legt dar, dass das körpereigene Motivationssystem angeworfen wird, wenn wir uns gemocht und wertgeschätzt fühlen. Dann wird nämlich der Botenstoff Dopamin ausgeschüttet, der dafür sorgt, dass wir uns voller Energie fühlen. Sowohl Antrieb als auch Motivation werden hochgefahren. Auf der anderen Seite schalten die Motivationssysteme ab, sobald keine Chance auf soziale Zuwendung besteht.

Viele Führungskräfte vernachlässigen ihre Familie.

Ein junger Vorgesetzter versicherte kürzlich in einem Seminar glaubhaft, dass er seine kleinen Kinder seit mehreren Wochen nicht mehr wach gesehen habe. Er ging morgens früh aus dem Haus und kehrte erst wieder heim, wenn die Kinder schon schliefen. Da er die Führungsaufgabe erst vor Kurzem übernommen hatte, arbeitete er auch am Wochenende, um sich das neue Wissen anzueignen. Er war bereits mit Ende zwanzig psychisch und physisch ausgebrannt.

Gesundheitsfaktor soziales Netz Was er übersehen hat: Ein intaktes Familienleben entstresst und gibt Kraft, auch für die Arbeit. Es ist wie ein zweites Immunsystem. Es federt die Belastungen ab und macht stark, auch im Kampf gegen Krankheiten. Wer sich gut sozial eingebunden fühlt, ist den Herausforderungen im Arbeitsleben besser gewachsen als Menschen, die sich isoliert und einsam fühlen. Neben der Pufferfunktion des sozialen Netzwerks gibt es auch direkte gesundheitliche Effekte. So weiß man etwa, dass verheiratete Männer seltener unter Herzinfarkten leiden als unverheiratete. Letztlich entscheidet natürlich die Qualität der Beziehung über deren gesundheitliche Wirkung. Aber auch viele Menschen, die eine schlechte Partnerschaft führen, sind sicher, dass sie sich in Krisenzeiten auf den anderen verlassen können.

Gerade in einer Krise ist das soziale Netzwerk Gold wert, nicht nur weil Krankheitssymptome doppelt so schlimm erscheinen, wenn man sich alleine fühlt. Freunde und Familie können auch materielle Unterstützung leisten, sie geben Zuspruch und richten einen psychisch wieder auf. Gespräche mit anderen entlasten und geben Kraft. Gemeinsam bewegt man Dinge, die man alleine nicht schaffen könnte und sich auch nicht zutrauen würde. Eine Führungskraft, die ihr Sozialleben einschränkt, reduziert damit also ihre Fähigkeit zur Krisenbewältigung. Umso wichtiger ist es, Beeinträchtigungen im Umgang mit anderen frühzeitig zu bemerken, um entsprechend gegenrudern zu können. Wenn Sie Warnsignale aufspüren wollen, die sich auf Ihr Sozialleben beziehen, sollten Sie Ihre Stimmung und Ihre Gedanken, aber auch Ihr Verhalten und das Ihrer Umwelt beobachten.

Checkliste:
Zwischenmenschliche Warnsignale, bei denen Sie innehalten sollen
- Sind Sie öfter gereizt, haben in letzter Zeit manchmal überreagiert und sehen die Ursache dafür in Ihrer Arbeit?
- Schweifen Ihre Gedanken beim Zusammensein mit Freunden und Bekannten öfter ab in dem Sinne, dass Sie sich mit Ihrer Arbeit beschäftigen?
- Arbeiten Sie (mindestens) zweimal wöchentlich auch abends daheim oder nehmen Sie Arbeit mit in den Urlaub?
- Haben Sie im letzten Monat zweimal oder häufiger eine vorher ausgemachte Verabredung arbeitsbedingt abgesagt, weil Sie zu erschöpft waren oder weiterarbeiten mussten?
- Empfinden Sie es als Kritik, wenn Menschen zu Ihnen sagen, Sie sollten weniger arbeiten?
- Haben Ihre Familienangehörigen sich in letzter Zeit darüber beklagt, dass sie Sie nicht mehr zu Gesicht bekommen?

Gerade das letzte Kriterium der Checkliste sollten Sie ernst nehmen. Die Familie merkt oft eher, wann das kritische Maß überschritten ist, während Sie selbst so in Ihren Aktivitäten versunken sind, dass

Familie als Alarmmelder

Ihnen das Gespür dafür abhanden kommt. Sie brauchen dann quasi die Familie als Sinnesorgan. In manchen Fällen fehlt es einfach an Regelungen, wie Sie Zeit für sich und Zeit für die Familie organisieren können. Aber wenn auch das nicht hilft, sprich: die Familie sich weiterhin über Ihre (auch mentale) Abwesenheit beklagt, sollten Sie die Notbremse ziehen. Arbeitsplätze sind knapp, aber letztlich gibt es viele. Aber es gibt nur eine Familie, und keine Arbeit der Welt ist es wert, dass Sie dafür Ihre Familie aufs Spiel setzen.

> **Sie haben nur die eine Familie. Die braucht Sie und Sie brauchen sie.**

Die Lebensbalance halten

Eine gesundheitsfördernde Lebensbalance berücksichtigt alle drei Bereiche: Körper, Psyche und Sozialleben – und zwar permanent, und nicht erst, wenn es schon zum Schlimmsten gekommen ist. Manchmal kann ein Schock allerdings auch wohltuend sein.

Klaus Herz aus dem Eingangsbeispiel jedenfalls hat seine Lehren aus dem Hörsturz gezogen. Nach seiner Entlassung aus dem Krankhaus blieb er erst noch ein paar Tage zu Hause und erstellte zusammen mit seiner Frau einen Plan, wie er beruflich abspecken und Familienzeit hinzugewinnen kann, ohne sich gleich ins berufliche Aus zu katapultieren. Er besuchte an der Volkshochschule einen Kurs für Entspannungstraining und macht nun täglich am späten Vormittag seine Übungen. Auf diese Weise nimmt er frühzeitig wahr, wie es ihm geht und wann ihm etwas zu viel wird. Den Tinnitus begreift er als körpereigenes Warnsystem, für das er inzwischen regelrecht dankbar ist. So gesehen war der Schock sogar heilsam.

Kompakt

Tipps, wie Sie merken, ob Sie schon am Limit sind

- Fragen Sie sich täglich: Sorge ich gerade gut für mich?
- Fragen Sie sich einmal pro Woche: Sorge ich gut für meine Mitarbeiter?
- Fragen Sie sich einmal pro Monat: Lebe ich so, wie ich es will?

3 Welche Bedürfnisse Menschen am Arbeitsplatz haben

Inge Klar ist mit ihrem Latein am Ende. Schon zum wiederholten Mal beklagt sich ihr Mitarbeiter Lotzmann bei ihr über den seiner Meinung nach falsch eingerichteten Bildschirmarbeitsplatz im Großraumbüro. Erst war die Lüftung seines PCs zu laut, dann zog es angeblich aus der Klimaanlage, und jetzt fühlt er sich durch laut telefonierende Kollegen und Druckergeräusche abgelenkt. Dabei hat Frau Klar aufgrund der Beschwerden gerade erst die Fachkraft für Arbeitssicherheit kommen lassen. Der Techniker hat alles überprüft und für ordnungsgemäß befunden. Dennoch gibt Herr Lotzmann keine Ruhe und fordert nun sogar einen Arbeitsplatz in einem anderen Großraumbüro. Das käme faktisch dem Wechsel in ein anderes Team gleich.

Inge Klar bemüht sich, den Wünschen und Bedürfnissen ihres Mitarbeiters nachzukommen. Damit tut sie schon mehr als manch andere Führungskraft. Viele denken: Bedürfnisse am Arbeitsplatz?! Es reicht doch wohl, wenn die Arbeit nicht krank macht. Mit dem Befolgen aller ergonomischen und arbeitsschutzrechtlichen Vorschriften haben sie ihrer Meinung nach genug zu tun. Und jetzt sollen sich die Leute auch noch wohlfühlen? Manch ein Vorgesetzter schüttelt da verständnislos den Kopf.

Mindestanforderung: Sich nicht unwohl fühlen

Inge Klar tut gut daran, den Wünschen des Kollegen Lotzmann tatsächlich nachzugehen. Die Forderung nach Bedürfnisbefriedigung im Job wird nachvollziehbarer, wenn man das Szenario einmal aus Mitarbeitersicht betrachtet. Die meisten Menschen verbringen immerhin den größten Teil des Tages am Arbeitsplatz. Und wenn sie

Störfaktoren mindern die Leistung

sich den Großteil des Tages unwohl fühlen, kann wohl kaum gute Arbeit dabei herauskommen. Herr Lotzmann kann keine entsprechende Leistung erbringen, wenn seine Gedanken ständig um die Störfaktoren an seinem Arbeitsplatz kreisen.

> Wer chronisch unzufrieden ist und sich an seinem Arbeitsplatz nicht wohlfühlt, kann keine zufriedenstellende Leistung bringen.

Welche Bedürfnisse müssen erfüllt sein als unabdingbare Voraussetzung für Wohlbefinden am Arbeitsplatz und Grundlage für Leistungsfähigkeit und -bereitschaft? Die ideale Arbeit erfüllt aus arbeitswissenschaftlicher Sicht folgende Mindestkriterien: Sie ist schädigungslos, beeinträchtigungsfrei, ausführbar und persönlichkeitsfördernd. Diese Anforderungen beziehen sich auf körperliche und auf psychische Bedürfnisse.

Körperliche Bedürfnisse

Zu den körperlichen Bedürfnissen zählen etwa Ergonomie, Licht, Luft, Farben, die richtige Temperatur und Ruhe. Genug Helligkeit, Bildschirme ohne Spiegelungen und zwischendurch immer wieder Pausen, in denen der Blick schweifen kann, sind eine Wohltat für die Augen. Stickige Luft zum Beispiel verringert die Konzentration, Zugluft sorgt für Unbehagen, Lärm von Büromaschinen lenkt ab, trockene Luft trocknet die Schleimhäute aus und führt zu brennenden Augen. Die Sonneneinstrahlung im Sommer erhöht die Raumtemperatur und macht konzentriertes Arbeiten bisweilen unmöglich. Baumaterialien, Kopiergeräte und Laserdrucker können zur Luftverunreinigung beitragen. Ein großes Problem, gerade in Großraumbüros, ist Lärm. Manchmal helfen Schallschutzhauben oder schalldämpfende Unterlagen. Auch Zimmerpflanzen und Stellwände sind als Schallschlucker geeignet. Weitere Maßnahmen kennt die Fachkraft für Arbeitssicherheit. Die konnte allerdings im Fall von Herrn Lotzmann auch nicht helfen. Sie kümmert sich um die rechtlichen Vorschriften – aber selbst bei Einhaltung aller Normen können Menschen sich gestört fühlen.

Individuelles Störempfinden

Beim Störungsempfinden gibt es große Unterschiede von Mensch zu Mensch, und deshalb kann man Herrn Lotzmann keinen Vorwurf daraus machen, dass er sich gestört fühlt. Wir sind eben alle verschieden. Der eine mag es gern kühl, empfindet Grau als beruhigend und fühlt sich selbst durch kleinste Geräusche abgelenkt. Der andere braucht eine gedämpfte Lärmkulisse, um sich wohlzufühlen, er mag anregende Farbgestaltung und eine Raumtemperatur von 22 Grad. Da einen gemeinsamen Nenner zu finden ist schwierig. Aber als Führungskraft sollten Sie akzeptieren, dass Ihre Leute unterschiedlich ticken. Eine tolerante Haltung erleichtert Ihnen Ihren Job und die Suche nach Lösungen.

Vorsicht, Bewegungsmangel!

Eine aktive Pausengestaltung erhöht den Erholungseffekt der arbeitsfreien Zeiten. Denn es gibt noch ein weiteres körperliches Bedürfnis: Bewegung. Unser Organismus ist nicht für langes Stillsitzen geschaffen. Wenn sich nur noch der Zeigefinger der rechten Hand bewegt, rostet der Rest ein. Vor allem der Halteapparat leidet. Ein gesunder Arbeitsplatz sollte daher Bewegung ermöglichen: erstens am Arbeitsplatz selbst in Form eines Bürostuhls, der dynamisches Sitzen erlaubt, also Sitzen in unterschiedlichen Positionen, und zweitens in Form von kleinen Wegen zwischendurch.

Wer bis auf WC-Pausen den ganzen Tag an seinen Stuhl gefesselt verbringen muss, kann nur schwer seinen Geist und seine Persönlichkeit entfalten. Es gilt also, Bewegungsanreize zu schaffen. Was spricht dagegen, aus der nächsten Teamsitzung eine Teamstehung zu machen? Probieren Sie es einmal aus. Das Meeting wird garantiert schneller zu Ende sein. Und wenn es dazu noch gesunde Getränke und frisches Obst statt klebrig-süßer Kekse gibt, wird gleichzeitig etwas fürs Wohlbefinden getan. Für die Regelung des Flüssigkeitshaushaltes gilt: Kaffee-Ecken sind schön, Obst- und Wasser-Ecken sind schöner.

Psychische Bedürfnisse

Daneben gibt es weitere Arbeitsbedingungen, die psychische Bedürfnisse von Menschen berücksichtigen. Zimmerpflanzen haben einen wohltuenden Einfluss auf die Psyche. Sie fördern die seelische Ausgeglichenheit und beruhigen. Und auch das Raumklima wird positiv verändert, indem die Luftfeuchtigkeit steigt. Das ist in klimatisierten Büros besonders wichtig. Auch Rückzugsmöglichkeiten sind gesundheitsförderlich. Das gilt insbesondere für Arbeiten mit einem hohen Anteil an Kundenkontakt. Das Beispiel der Kaffee-Ecke zeigt, dass sich nicht strikt trennen lässt zwischen körperlichen und psychischen Bedürfnissen. Wer weiß, dass sein Chef sich um seine körperlichen Bedürfnisse kümmert, indem er zum Beispiel Wasserspender aufstellt, der fühlt sich auch in psychischer Hinsicht wohltuend umsorgt.

Selbst entscheiden lassen
Es ist sinnvoll, wenn jeder seinen Platz im Raum selbst wählen und gestalten darf. Leider ist das nicht immer machbar. Manchmal ist Sitzplatzrotation eine Lösung. Eine freie Sitzplatzwahl kann, je nach Arbeitssituation, für mentale wie klimatische Abwechslung sorgen, aber nur bei Freiwilligkeit. Selbst wenn das Team sich dagegen entscheidet: Wichtig ist, dass es selbst Einfluss nehmen und mitbestimmen darf. Ein Mitarbeiter sollte auch selbst entscheiden können, wann er Pausen macht. Die biologische Leistungskurve ist von Mensch zu Mensch verschieden. Wer gerade ein Tief hat, produziert keine Qualität. Und wer gerade einen Lauf hat, findet es schade, für eine Pflichtpause die Arbeit unterbrechen zu müssen. Falls arbeitsbedingt zum Beispiel ständig mindestens drei Telefonplätze besetzt sein müssen, sollten bei der Gestaltung des Pausenplans die individuellen Präferenzen berücksichtigt werden. Das erfordert natürlich mehr Aufwand als ein vorgefertigter Pausenplan nach Schema F, aber es erhöht das Wohlbefinden der Mitarbeiter und auch ihre Leistungsfähigkeit, wenn sie die Pausen an ihre Leistungskurve anpassen können.

Die folgende Checkliste lässt ergonomische Faktoren und arbeitsschutzrechtliche Bedingungen außer Acht, weil diese als gegeben vorausgesetzt werden. Bei Interesse informiert hierüber die Bundesanstalt für Arbeitsschutz und Arbeitsmedizin in Dortmund (www.baua.de).

Checkliste:
Körperliche und psychische Bedürfnisse am Arbeitsplatz
- Gibt es Wasserspender oder Ähnliches, um den Flüssigkeitsbedarf auch jenseits des Kaffeekonsums zu decken?
- Kann der Einzelne das Raumklima gestalten? Falls nicht: Gibt es freie Platzwahl?

- Ist der Arbeitsplatz optisch ansprechend gestaltet? Kann man nach draußen blicken, sind Bilder vorhanden, gibt es Farben im Raum?
- Gibt es Bewegungsanreize? Zum Beispiel durch Poster oder Bildschirmschoner mit Bewegungsübungen oder durch kleine Wege, die zur täglichen Arbeit dazugehören?

Neben Bedürfnissen, die sich auf Arbeitsumgebung und Rahmenbedingungen beziehen, gibt es auch Anforderungen an die eigentliche Arbeitstätigkeit, die Sie als Führungskraft bei der Gestaltung von Arbeitsinhalten im Auge haben sollten.

Checkliste:
Mindestanforderungen an Arbeitsinhalte (nach BAuA, 2004)
- *Benutzerorientierung:* Berücksichtigt die Arbeit die Erfahrungen und Fähigkeiten dessen, der sie ausführen soll?
- *Vielseitigkeit:* Ist die Arbeit vielseitig, so dass der Ausführende mehrere seiner Fähigkeiten einbringen kann?
- *Ganzheitlichkeit:* Umfasst die Arbeit einen gesamten Arbeitsablauf, zusammengesetzt aus Planung, Ausführung, Steuerung und Kontrolle?
- *Bedeutsamkeit:* Ist die Arbeit sichtbarer Teil eines Ganzen, an dem der Ausführende mitwirkt?
- *Handlungsspielraum:* Gibt es für den Ausführenden Freiräume, zum Beispiel hinsichtlich der Reihenfolge, der Vorgehensweise oder des Tempos?
- *Rückmeldung:* Erhält der Ausführende Feedback und Unterstützung von Kollegen und Vorgesetzten?
- *Entwicklungsmöglichkeiten:* Bietet die Arbeit dem Ausführenden die Möglichkeit, dazuzulernen und seine Kenntnisse und Fähigkeiten zu erweitern?

Zusammengefasst gilt: Die Arbeitsinhalte sollten Mitgestaltung, Kreativität und Selbstentfaltung ermöglichen. Menschen brauchen Abwechslung. Reine Monotonie ist nicht nur langweilig und erhöht so die Unfallgefahr, sie treibt auch den Krankenstand in die Höhe. Auch nicht funktionierende Software ist ein Stressor, der die Lebensqualität am Arbeitsplatz auf null zurückfahren kann. Abstürzende Systeme, fehlende Daten, fehlerhafte Programme können den Blutdruck ganz schön in die Höhe treiben. Das gilt vor allem dann, wenn die Arbeitstätigkeit hauptsächlich durch solche Programme bestimmt wird. Ein Mix aus verschiedenen Tätigkeiten reduziert Stress, erhöht die Arbeitszufriedenheit und hält fit im Kopf.

Die Mischung macht's

Eine gute Mischung aus altbekannter Routine, die Sicherheit gibt, und neuen Herausforderungen, die geistig fit halten und Entwicklungen ermöglichen, ist empfehlenswert. Ständige Neuerungen überfordern. Wer sich immer wieder wechselnden Gegebenheiten anpassen muss, ohne zwischendrin beruhigende Routinen erledigen zu können, erlebt das als Stress und zweifelt irgendwann an seinen Kompetenzen. Er will einfach seine Ruhe. Daher sollten Sie als Führungskraft in Zeiten von Veränderungen ein Auge darauf haben, dass jeder Mitarbeiter eine Mischung aus altbekannten und neuen Aufgaben zu erledigen hat.

Der Mensch arbeitet nicht fürs Brot allein

Körperliche und psychische Bedürfnisse gelten als Conditio sine qua non des Wohlbefindens am Arbeitsplatz. Ihre Erfüllung allein reicht jedoch nicht aus. Von zunehmender Bedeutung sind die sozialen Bedürfnisse. Mitarbeiter bringen Hoffnungen, Erwartungen und Wünsche mit an ihren Arbeitsplatz. Und die beziehen sich auch auf das Miteinander unter Kollegen sowie auf das Verhältnis zum Chef.

Hintergrund
Abraham Maslow ordnet in seinem bekannten Modell menschliche Bedürfnisse hierarchisch. Die Basis der fünfstufigen Pyramide bilden die physiologischen Bedürfnisse: Essen und Trinken (bzw. Geld dafür), Atmen, Schlafen und Sexualität. Sind diese Bedürfnisse befriedigt, so folgt das Bedürfnis nach Sicherheit (körperliche Selbstbestimmung, Wohnung, ärztliche Versorgung, Arbeitsplatz). Wenn dieses gestillt ist, kommen die ersten sozialen Bedürfnisse als Mittelteil der Pyramide zum Tragen. Maslow geht davon aus, dass Menschen ein Bedürfnis haben nach Zugehörigkeit zu sozialen Gruppen wie Familie, Freunde, Sportkameraden, Kollegenkreis, Firma. Bei Befriedigung der ersten drei Stufen erwacht das Bedürfnis nach Wertschätzung und Anerkennung. Das höchste Bedürfnis ist laut Maslow das nach Selbstentfaltung. Es stellt sich nach seiner Logik erst ein, wenn alle anderen Bedürfnisse befriedigt sind.

Zwar birgt Maslows Modell die Gefahr, ein Schema auf alle Menschen anzuwenden und damit der Individualität nicht gerecht zu werden. Aber das Modell besticht durch seine Einfachheit und inhaltliche Logik und eignet sich gut als Orientierungshilfe für Führungskräfte.

In unserem Zusammenhang bedeutsam sind die sozialen Bedürfnisse, also die Stufen 3 und 4 in Maslows Modell: die Bedürfnisse nach Zugehörigkeit und nach Wertschätzung und Anerkennung. In beiden Fällen haben Führungskräfte Einfluss- und Gestaltungsmöglichkeiten. Wenn die Kollegen das Klima vergiften und ein Mitarbeiter sich nicht zugehörig fühlt, kann die Arbeit selbst noch so interessant sein – der Mitarbeiter wird sich nicht wirklich wohlfühlen am Arbeitsplatz. Auch, wenn Wertschätzung und Anerkennung fehlen, ist Unbehagen programmiert.

Soziale Bedürfnisse

Menschen brauchen Lob im Sinne einer Orientierung, als Feedback. Wir wollen wissen, was der andere von unserer Leistung hält. Aber das ist nicht alles. Daneben hungern wir auch danach, als Mensch wahrgenommen zu werden, wie die INQA-Studie *Was ist gute Arbeit?* an über 5.000 Beschäftigten zeigen konnte. Das Gefühl, als Mensch wichtig zu sein und ernst genommen zu werden, entspricht in etwa dem, was Carl Rogers, der Begründer der Gesprächspsychotherapie, als bedingungslose Akzeptanz bezeichnet hat. Aufmerksamkeit, Freundlichkeit und Interesse auch für persönliche Dinge werden wie ein Geschenk empfunden und tragen dazu bei, dass Menschen sich entfalten und einbringen wollen und können.

Das Bedürfnis der Beschäftigten, als Mensch gesehen zu werden, können Führungskräfte befriedigen. Und das sollten sie auch – schon im eigenen Interesse.

Menschen können nur dann ihr ganzes Potenzial abrufen, also Höchstleistungen erbringen, wenn sie keine Störung erleben. Störung meint hier nicht nur äußere Faktoren wie abstürzende Systeme, laute Kollegen oder ständige Unterbrechungen. Auch innere Faktoren können das Erbringen von Höchstleistungen stören. Da-

Störungen verhindern Höchstleistung

zu gehören Aspekte, die von außen nicht sichtbar sind, wie innere Kündigung, Kopfweh, Unlust oder ablenkende Familienprobleme. Einige dieser Faktoren liegen durchaus im Einflussbereich der Führungskraft, zum Beispiel die Unlust oder die innere Kündigung. Die Ursache hierfür ist häufig vorenthaltene Wertschätzung. Darauf reagieren die meisten Menschen mit einem Gefühl von Kränkung und mit innerem Rückzug.

Menschen wollen wahrgenommen werden, auch und gerade am Arbeitsplatz, wo sie einen Großteil der Wachzeit verbringen. Wer das Gefühl hat, für andere unsichtbar zu sein, „geht ein wie eine Primel". Er wird unzufrieden, nachlässig, macht mehr Fehler und schafft weniger, als er eigentlich könnte. Gerade in Zeiten von Umstrukturierungen und Massenentlassungen fühlen sich viele Mitarbeiter als Verschiebemasse oder Kostenfaktor, eben wenig wertgeschätzt. Das gilt übrigens auch für diejenigen, die im Unternehmen an alter Position verbleiben. Denn das Signal der Geschäftsleitung empfangen alle: Ihr seid hier unwichtig und nur Mittel zum Zweck.

Gerade in Krisen Sinn vermitteln

Es erfordert von Ihnen als Führungskraft einen regelrechten Spagat, die Verbleibenden dennoch zu motivieren und die gegenteilige Botschaft zu vermitteln: Ihr seid hier wichtig. Diesen Spagat schaffen Sie nur, wenn Sie die persönliche Ebene trennen von der fachlich-organisatorischen. Sie müssen dem Menschen im Mitarbeiter seine Wertschätzung übermitteln, und zwar so, dass er diese auch wirklich empfindet. „Ihr könnt doch froh sein, überhaupt Arbeit zu haben", hört man bisweilen. Motivationsfördernd ist so ein Satz mit Sicherheit nicht. Er ist eher hilfloser Ausdruck der Überforderung der Führungskraft, auf deren Schultern die Entscheidungen über Entlassungen schwer lasten und die nicht wie ein Schuft dastehen will. Die innere Kündigung der Mitarbeiter ist damit vorprogrammiert. Es werden genauso viele Fehler oder gar noch mehr als sonst gemacht, aber sie werden besser vertuscht. Das Arbeitsmaß wird auf ein Minimum reduziert.

Die meisten Menschen wollen sich einbringen am Arbeitsplatz, zumindest noch bei Stellenantritt. So schreibt etwa Professor Dieter Frey von der Universität München in *personalwirtschaft 10/2006* über deutsche Arbeitnehmer: *„Es ist vor allem die intrinsische Motivation, das Herzblut, das große Teile unserer Bevölkerung prägt."* Das sollte nicht leichtfertig missachtet werden. Wer den Elan seiner Leute bremst, damit alles nach (seinem) Plan läuft, schneidet sich ins eigene Fleisch. Mitarbeiter, die eigene Ideen entwickeln, wollen dieses Engagement auch gewürdigt sehen. Die meisten Menschen möchten sich mit ihrem Unternehmen identifizieren. Aber man muss ihnen auch die Möglichkeit dazu geben – durch Handlungsspielräume und Entscheidungsfreiheit, durch klare Ziele, offene Kommunikation und durchschaubare Abläufe, die es erlauben, sich als Teil des Ganzen zu fühlen. Das hat nichts mit finanziellen Anreizen zu tun.

> Die Befriedigung der Bedürfnisse nach Transparenz, Sinn und Wertschätzung ist kostenneutral. Sie erfordert Zeit, bringt aber ein Vielfaches an Nutzen, weil die Mitarbeiter sich ungleich mehr engagieren.

Warum also tun sich viele Führungskräfte so schwer mit der Befriedigung dieser Bedürfnisse? Die Hinderungsgründe liegen beim Thema Transparenz und Durchschaubarkeit auf der Ebene von Machtfragen. Wissen ist bekanntlich Macht. Wissen zu teilen und Macht abzugeben, ist für manche Vorgesetzte ein schwerer Schritt, aber der Dank der Mitarbeiter in Form von vermehrtem Einsatz wird dafür sorgen, dass sich dieser Schritt rechnet.

Wissen teilen, Transparenz schaffen

Die Frage nach dem Sinn geht häufig mit der nach Durchschaubarkeit einher. Wer weiß, welchen Beitrag er zum großen Ganzen leistet, kann sich als Teil des Ganzen fühlen und seine Arbeit als sinnvoll erleben. Die Wurzeln von Wertschätzungsdefiziten liegen primär in der Persönlichkeit des Vorgesetzten begründet: Kann er anderen die Anerkennung geben, die sie verdienen, oder ist er anerkennungsgeizig? Ist er emotional kühl oder herzlich? Hier lohnt sich eine Selbstreflexion. Ein Mensch, der grundsätzlich freigebig ist mit Wertschätzung und Anerkennung, wird immer die Zeit finden, sie zu zeigen.

Dicke Luft? – Die Botschaft hinter den Beschwerden

Auch Inge Klar, die Chefin von Herrn Lotzmann, will sich Zeit nehmen. Da die von Herrn Lotzmann angesprochenen Aspekte, also die Zugluft und die Lautstärke, im Rahmen des Erlaubten liegen, stellt sich die Frage, ob Herr Lotzmann überempfindlich ist oder ob nicht vielleicht der Hund ganz woanders begraben liegt.

Inge Klar entschließt sich zu einem mutigen Schritt. Sie spricht Herrn Lotzmann offen darauf an, dass er sich an seinem jetzigen Arbeitsplatz offenbar nicht wohlfühlt. Dabei lässt sie bewusst offen, ob sie das physikalische oder das zwischenmenschliche Wohlbefinden meint. Herr Lotzmann stimmt zu: „Ja, das sage ich doch die ganze Zeit." Frau Klar lässt sich noch einmal schildern, was genau ihn denn stört und was passieren müsste, um sein Wohlbefinden am Arbeitsplatz zu verbessern. Im Laufe des Gesprächs wird Herr Lotzmann seinerseits immer offener und sagt Sätze wie: „Der Mischke benutzt seinen Drucker immer genau dann, wenn ich mich gerade konzentrieren will."

Es stellt sich heraus, dass die Ursache für den Ärger des Mitarbeiters primär im gestörten Verhältnis zu einem Kollegen liegt. Herr Lotzmann fühlt sich von diesem Kollegen abgewertet und nicht ernst genommen. Er meint: „Der hält mich doch für 'ne Witzfigur." Am Ende äußert Herr Lotzmann von sich aus den Wunsch, seinen Arbeitsplatz in der gegenüberliegenden Ecke des Büros einzunehmen. Dies ist gerade unproblematisch, da eine Kollegin in Mutterschaft geht. Zwar ist das Verhältnis zwischen Herrn Lotzmann und seinem Kollegen nach wie vor gestört, aber Herr Lotzmann beschwert sich nicht mehr, sondern geht konzentriert seiner Arbeit nach.

Die eigentlichen Ursachen aufdecken

Der Fall ist typisch für viele Beschwerden in Großraumbüros. Man fühlt sich nicht wohl miteinander und gibt den physikalischen Faktoren die Schuld daran. Die Büroausstattung ist oft nur das Trojanische Pferd für Beschwerden, die eigentlich eine andere Ursache haben. Psychische und zwischenmenschliche Probleme kommen unter dem Deckmantel körperlichen Unbehagens daher. Da ist die Lüftung zu laut, die Klimaanlage zu kalt, es zieht, die Luft ist zu trocken usw. Der Betroffene, in unserem Fall Herr Lotzmann, macht das nicht absichtlich. Die Ursachenverschiebung erfolgt unbewusst.

> **Wenn Bürogemeinschaften über schlechtes Raumklima klagen, ist in vielen Fällen das zwischenmenschliche Wohlbefinden gestört.**

In so einem Fall ist der Versuch, die Ursachen der körperlichen Beschwerden abzustellen, eine unendliche Geschichte. Der Vorgesetzte wird mit immer größeren Forderungen konfrontiert und kann den Mitarbeiter doch nie zufriedenstellen. Es ist also sinnvoll, bei wiederholten Klagen das Gespräch auf einer grundsätzlichen Ebene anzugehen. Inge Klar macht es genau richtig: Statt Herrn Lotzmann abzukanzeln mit Äußerungen wie, sie habe alles versucht und er solle sich nicht so anstellen, zeigt sie ihm im Gespräch, dass ihr sein Wohlbefinden wirklich am Herzen liegt. Das eigentliche Problem von Herrn Lotzmann ist am Ende nicht gelöst, denn Frau Klar konnte keine Wunder vollbringen. Aber er hat das Bemühen seiner Vorgesetzten als Ausdruck von Wertschätzung empfunden und bedankt sich hierfür, indem er fortan ruhig seine Arbeit erledigt.

Es ist wichtig, den Mitarbeiter in so einem Gespräch nicht zu konfrontieren mit Sätzen wie: „Ihnen geht's doch um was ganz anderes; eigentlich fühlen Sie sich im Team nicht wohl." Das würde nur Gegenwehr provozieren und ein Beharren auf den äußeren Faktoren als Ursache der Beschwerden zur Folge haben. Damit wäre niemandem gedient. Sinnvoller ist, die Symptome nicht näher zu ergründen, sondern sich auf eine gemeinsame Lösungssuche zu begeben. Natürlich setzt dies voraus, dass zuvor genau geklärt wurde, ob aus arbeitsschutzrechtlicher Sicht wirklich kein Handlungsbedarf besteht. Hierfür sollte die Führungskraft einen Fachmann für Arbeitssicherheit zu Rate ziehen. Damit signalisiert sie dem Team wie dem einzelnen Mitarbeiter: Ich nehme Ihre Beschwerden ernst und kümmere mich.

> **Kompakt**
>
> **Tipps zum Umgang mit Bedürfnissen am Arbeitsplatz**
>
> - Jeder Jeck ist anders. Lassen Sie Ihre Mitarbeiter mitentscheiden, wie die Arbeitsumgebung aussehen soll.
> - Sorgen Sie für Bewegungseinheiten im Arbeitsablauf.
> - Berücksichtigen Sie, dass körperliche Bedürfnisse bisweilen nur ein Vehikel sind für die Botschaft: Kümmere dich um mich!
> - Nehmen Sie die Bedürfnisse Ihrer Mitarbeiter ernst und zeigen Sie, dass Sie sich kümmern. Dann verzeiht man Ihnen auch gern, dass Sie keine Wunder bewirken können.

4 Wie Sie Ihre Mitarbeiter wirklich erreichen

Herbert Ernst wundert sich, dass es in der Filiale, die er seit fünfzehn Monaten leitet, nicht rund läuft. Dabei hat er schon etliche Vertriebsseminare besucht. Die Zahlen stimmen nicht. Seine Leute verkaufen einfach zu wenig. Herbert Ernst organisiert auf den Tipp eines Freundes hin einen Teamabend und lädt hierfür einen hoch bezahlten Zauberer ein. Die Veranstaltung soll ein Gemeinschaftsgefühl beschwören und letztlich die Verkäufe nach oben treiben. Der Abend ist zwar schön, aber die gewünschte Wirkung bleibt aus.
Als Mittel zur Motivationsförderung lobt Herbert Ernst nun mit Unterstützung der Geschäftsleitung Preise für die besten Verkäufer aus. Wer den größten Umsatz macht, darf wählen zwischen einer Erlebnisreise nach Paris, einem Wochenende in Rom und einem Kurs im Gleitschirmfliegen. Die Wirkung ist minimal. Herr Ernst selbst ist weiterhin unzufrieden mit den Absätzen, und zusätzlich kommt seit dem Flop der Preisverleihung auch Druck von oben. Die Geschäftsleitung droht, ihm die Verantwortung für die Filiale wieder aus der Hand zu nehmen und stattdessen einem Kollegen zu übertragen.

Offensichtlich gelingt es Herbert Ernst nicht, seine Leute zu erreichen. Da helfen ihm auch die gut gemeinten Teamevents und Incentives nichts. Man kann sich gut vorstellen, wie Herr Ernst mit jedem desaströsen Monatsbericht immer verkrampfter versucht, die Verkäufe anzuheizen. Er sucht einen Trick, mit dem er Motivation in die Herzen seiner Mitarbeiter hineinzaubern könnte. Dabei lässt er außer Acht, was Menschen am Arbeitsplatz wirklich bewegt.

Gefühle sind der Motor von allem

Point of Leadership

In den letzten Jahren wurde viel darüber geschrieben, wie man am Point of Sale agieren solle, um Verkäufe zu erhöhen. Dabei wird vergessen, dass jeder Mitarbeiter zu jedem Zeitpunkt nicht nur in einer Beziehung zum Kunden steht, sondern auch in einer Beziehung zu seinem Vorgesetzten. Viele Mitarbeiter lesen im Gesicht ihres Chefs die Rückmeldung zu diesem Verhältnis und reagieren darauf entsprechend motiviert, bedrückt, begeistert. Man kann sagen: Im Gesicht der Führungskraft sitzt der „Point of Leadership". Mit seiner Mimik gibt der Vorgesetzte jedem Mitarbeiter zu jedem Zeitpunkt nonverbales Feedback und regt ihn an oder bremst ihn.

> Was am Point of Leadership geschieht, beeinflusst wesentlich das Verhalten des Verkäufers am Point of Sale (nicht nur im Verkauf, auch im übertragenen Sinne).

Das gilt vor allem für junge Führungsbeziehungen. Je weniger man sich kennt, desto wichtiger ist die Mimik als Ausdruck emotionalen Feedbacks, das wiederum die Motivation beeinflusst. Mitarbeiter beziehen dieses nonverbale Feedback sowohl auf ihre Leistung („Wenn der Chef lächelt, mache ich wohl einen guten Job") als auch auf ihre Person („Wenn der Chef lächelt, mag er mich wohl"). Motivation durch Feedback, verbal und nonverbal, das beherrscht Herbert Ernst offenbar nicht gut – zumindest nicht so, dass er damit seine Leute wirklich erreicht und das Feedback eine motivierende Wirkung entfalten könnte.

Zwei Mitarbeiter von Herbert Ernst ergreifen die Initiative und suchen das Gespräch mit einer leitenden Führungskraft. Dieser altgediente und entsprechend erfahrene Bereichsleiter genießt überregional großes Ansehen und das Vertrauen vieler Beschäftigter. Die beiden Mitarbeiter aus dem Team von Herrn Ernst klagen im Gespräch mit dieser Senior-Führungskraft: „Bei Herrn Ernst wissen Sie nie, woran Sie sind. Der guckt immer gleich aus der Wäsche – so starr, so kantig."

Was den Mitarbeitern bei Herbert Ernst fehlt, ist also tatsächlich Feedback, und zwar auch emotionales. Sie wissen nicht, wie ihr Chef ihre Leistung einschätzt. Und sie wissen offenbar nicht, was er von ihnen als Mensch hält. Erschwerend kommt hinzu, dass Herr Ernst selbst für sie emotionslos und damit undurchschaubar wirkt. Sie wissen nicht, was in ihm vorgeht, und sie können ihn nicht einschätzen, weder als Person noch als Führungskraft. Sie versuchen zwar im Gesicht ihres Vorgesetzten zu lesen, aber sie sehen nur sein Pokerface. Das hat Folgen.

Fehlendes Feedback lähmt

Ein Mitarbeiter, der die Mimik seines Chefs nicht entschlüsseln kann, wird dadurch verunsichert. Er verkrampft, insbesondere, wenn auch verbales Feedback ausbleibt. Seine Muskulatur verspannt sich, sein Blutdruck erhöht sich. Seine Gedanken kreisen um die potenzielle Bewertung seiner Leistungen und seiner Person durch den Vorgesetzten. Folglich sind sie nicht beim Kunden, der gerade vor ihm steht. Fazit: Er wird schlecht verkaufen. Das Problem ist nicht, dass die Mitarbeiter von Herrn Ernst unmotiviert wären. Sie sind verunsichert, weil sie bei ihm keine Emotionen erkennen können. Und Verunsicherung lähmt. Sie verhindert, dass Menschen ihr Potenzial abrufen und sich entfalten können, zum Beispiel, indem sie sich begeistert in den Verkauf stürzen.

> **Die Emotionen der Führungskraft bewegen die Mitarbeiter. Die Emotionen der Mitarbeiter entscheiden darüber, ob sie viel oder wenig erreichen.**

Offensichtlich fehlt es im Team von Herbert Ernst auch an Vertrauen. Denn sonst wären die beiden Mitarbeiter nicht zum Bereichsleiter gegangen, sondern hätten ihn direkt angesprochen. Im Grunde begehen sie hier einen Vertrauensbruch. Das ist nicht besonders fair. Aber Herr Ernst ist nicht ganz unschuldig daran. Ein Mensch mit gleichbleibend ernstem Gesichtsausdruck tut sich schwerer, eine Atmosphäre des Vertrauens zu schaffen, als jemand, in dessen Gesicht man lesen kann. Natürlich ist Vertrauen auch davon abhängig, wie ein Vorgesetzter sich im Alltag verhält, was er zum Beispiel tut, um seine Leute nach außen hin zu verteidigen. Aber bis man jemandem aufgrund seiner Taten vertraut, vergeht viel Zeit. Wer sich in emotionaler Hinsicht durchschaubar macht, wird schneller mit Vertrauen belohnt.

Gesicht zeigen Leider werden viele Führungskräfte in ihrer Laufbahn mit der Forderung konfrontiert, möglichst sachlich zu bleiben und selbst in konfliktbeladenen Gesprächen keine Emotion zu zeigen. Angeblich trägt das zu einer souveränen Wirkung bei. Und wer möchte nicht gern souverän wirken? Doch damit schaden sie sich selbst. Kalt wirkende, maschinenhaft auftretende Menschen säen kein Vertrauen, verunsichern ihre Umgebung und lähmen die Leistungsfähigkeit.

> **Hintergrund**
> Daniel Goleman, der Entdecker der „Emotionalen Intelligenz", vertritt in seinem Buch *Emotionale Führung* die These, dass die wichtigste Aufgabe einer Führungskraft darin besteht, emotional resonant zu sein. Das bedeutet, in Mitarbeitern Gefühle hervorzurufen. Das Interessante dabei: Es dürfen auch negative Gefühle sein. Es ist zwar befriedigender, auch im Sinne des Geschäftserfolgs, die Beschäftigten mit positiven Gefühlen wie Begeisterung, Zusammengehörigkeit oder Optimismus anzustecken. Aber Goleman belegt, dass es wesentlich besser ist, sein Team bisweilen mit der eigenen schlechten Laune mitzureißen, als ein Pokerface zu wahren. Führungskräfte, die sich selbst bedeckt halten, könnten andere nicht motivieren.

Emotionen bewegen Menschen. Sie sind der eigentliche Motivator – der Motor des Lebens und damit auch der Motor des Arbeitens. Nur der Gefühle wegen gehen Männer zum Fußball, lieben Frauen romantische Komödien. Dabei geht es nicht um das bloße Endergebnis. Das 3:1 oder „Sie kriegen sich" ist nicht genug. Das könnte man auch am nächsten Tag im Radio hören oder dem Videotext entnehmen. Stattdessen wollen wir Teil des Prozesses sein und die Entwicklung miterleben, alle Emotionen von Hoffnung über Wut bis Begeisterung und Verzweiflung nachempfinden und selber spüren. Dabei fühlen wir uns lebendig. Und das macht uns menschlich.

Sich selbst als Mensch zeigen: Herz ist Trumpf

Eine emotionsarme Führungskraft wie Herbert Ernst tut sich schwer, ihre Leute wirklich zu erreichen. Gleiches gilt für den Vorgesetzten, der in jeder Situation perfekt und fehlerfrei agieren möchte. Wer glaubt, dass ihm keine Fehler passieren dürften, wirkt maskenhaft. Er ist angespannt und entfaltet sich nicht richtig. Schließlich gilt: Wer nichts macht, macht auch nichts falsch. Dieser Satz dient meist als witzige Rechtfertigung für Faulheit. Aber psychologisch betrachtet meint er, dass Menschen durch ihre Perfektionsansprüche gebremst werden.

Fehler zugeben

Mitarbeiter verzeihen Fehler, aber nur, wenn ihr Chef sie eingesteht. Es gibt kaum etwas Lächerlicheres als einen Vorgesetzten, der versucht, Fehler um jeden Preis zu verbergen. Da werden dann Statistiken gefälscht, Vereinbarungen geleugnet („Ich soll das gesagt haben?!") oder großzügig Schuldvorwürfe an andere Abteilungen verteilt – nur damit man selbst gut dasteht. Mitarbeiter durchschauen diese Manöver meist schnell und fühlen sich dann auf den Arm genommen und respektlos behandelt. Sie fühlen sich abgewertet und geringgeschätzt. Das machen sich viele Vorgesetzte nicht klar. Sie denken im Gegenteil, dass sie mit jedem Fehler an Ansehen verlieren und ihrerseits Respekt einbüßen.

> **Fehler machen menschlich und sympathisch. Sie zuzugeben ist ein Zeichen von Stärke.**

Das soll nicht heißen, dass Führungskräfte vor ihren Leuten zu Kreuze kriechen, Asche auf ihr Haupt streuen und zerknirschte Reue in Form von öffentlichen Schuldbekenntnis-Rundmails zeigen sollen. Aber es bricht niemandem ein Zacken aus der Krone, wenn er zugibt: „Da ist mir wohl ein Fehler unterlaufen, das tut mir leid." Sie kennen vielleicht das französische Sprichwort: „Wer sich entschuldigt, klagt sich an." Das meint nicht, dass man nicht um Entschuldigung bitten soll, nur soll man keine langen Reden schwingen über erschwerende Begleitumstände, weshalb man nicht anders konnte. Stattdessen sollte eine Entschuldigung kurz und knapp sein.

Auch ein „Im Nachhinein würde ich es anders machen" signalisiert der Umgebung, dass man seinen Fehler eingesehen hat. Das ist wichtig für Sie als Führungskraft, weil Sie damit zugleich das Signal senden: „Auch ihr dürft Fehler machen, niemand ist perfekt." Mit eigenen Schwächen kann man auch kokettieren. Das entkrampft ungemein. Dann trauen die Mitarbeiter sich ebenfalls, aus sich herauszugehen und einmal etwas Neues zu wagen.

Nebeneffekt: Beliebtheit Wenn Sie sich als Mensch zeigen, erreichen Sie auch den Menschen in Ihrem Mitarbeiter, und zwar besser als mit Geld oder Incentives. Wiederholt ist in diesem Buch die Rede von der Vorbildfunktion der Führungskraft, in Fragen der Gesundheit ebenso wie in puncto Leistungsverhalten oder Moral. Wenn Sie sich als Mensch zeigen, hat das nicht nur zur Folge, dass Sie sich damit beliebt machen und für sympathisch gehalten werden. Das ist ein schöner und menschlich befriedigender Nebeneffekt. Außerdem ist das Leben weniger anstrengend, wenn man sich authentisch zeigen kann, wie man ist. Entscheidend ist, dass Sie als Führungskraft davon profitieren.

Herbert Ernst würde dieses Kapitel vermutlich nicht aus Menschenfreundlichkeit aufschlagen, sondern weil er Erfolge sehen will. Den Menschen im Mitarbeiter zu erreichen, das wäre für ihn kein Selbstzweck, sondern Mittel zum Zweck. Dahinter steht die Erkenntnis, dass ein Vorgesetzter seine Ziele nur gemeinsam mit den Mitarbeitern erreichen kann. Seine Zielerreichung ist abhängig davon, dass die Angestellten mitziehen. Ein guter Filialleiter ist nur so lange gut, wie die Beschäftigten in seiner Filiale einen guten Job machen, in der Regel gut verkaufen. Gut Verkaufen heißt: mit Begeisterung Produkte vertreiben, von denen man selbst überzeugt ist. Diese Begeisterung muss Herbert Ernst erstens selbst aufbringen und zweitens auch zeigen. Nur so kann er sein Team mitreißen. Etwas pathetisch ausgedrückt: Wer will, dass seine Leute mit dem Herzen bei der Sache sind, muss ihr Herz gewinnen. Wer das Herz der Mitarbeiter gewinnen will, muss selbst eins haben – und es zeigen. Vor gespielter Herzlichkeit als Mittel zum Zweck sei hier ausdrücklich gewarnt. Damit könnte Herr Ernst seine Leute nicht wirklich motivieren, sie würden ihn bald durchschauen.

> Damit Ihre Mitarbeiter für dieselbe Sache brennen wie Sie, reicht es nicht, wenn in Ihnen ein Feuer brennt. Sie müssen Ihre Leute damit anstecken, indem Sie es zeigen.

Nur wer sich selbst als Mensch zeigt, kann auch seine Mitarbeiter menschlich berühren. Dazu gehören eine offene Mimik, die einen durchschaubar macht, ebenso wie der souveräne Umgang mit Fehlern und das Artikulieren der eigenen Meinung.

Checkliste:
Bringen Sie sich als Mensch ins Spiel?
- Zeigen Sie Ihre Emotionen, zum Beispiel Ärger oder Begeisterung, oder halten Sie sie eher versteckt?
- Können Sie Fehler eingestehen, oder versuchen Sie, sie zu verbergen?
- Erzählen Sie auch einmal etwas aus Ihrem Privatleben, oder beschränken Sie sich in Gesprächen auf Arbeitsinhalte?
- Äußern Sie es, wenn Sie unter Stress stehen, oder wollen Sie um jeden Preis ruhig und beherrscht wirken?
- Sagen Sie Ihre Meinung zu betrieblichen und außerbetrieblichen Themen, oder vermeiden Sie es häufig, Stellung zu beziehen?
- Kann man es Ihrem Gesicht ansehen, wenn Sie sich über einen Geschäftserfolg freuen?

Mitarbeiter als Menschen ansprechen

Menschen erreichen, was heißt das eigentlich? Jeder Mitarbeiter kommt mit bestimmten Erwartungen, Wünschen und Bedürfnissen an den Arbeitsplatz, wie im vorigen Kapitel zu lesen war. Natürlich sind Sie als Vorgesetzter nicht der Wunschüfller vom Dienst, aber wenn Sie einigen Erwartungen entsprechen und einige Bedürfnisse befriedigen, tragen Sie damit zu Wohlbefinden und Gesundheit bei. Eines dieser Bedürfnisse ist das nach Anerkennung und Wertschätzung. Beschäftigte wollen am Arbeitsplatz nicht nur als Leistungserbringer, sondern auch als Menschen gesehen werden.

4 Wie Sie Ihre Mitarbeiter wirklich erreichen

Moral und Gewissen ansprechen

Führungskräfte tun gut daran, diesem Wunsch nachzukommen – in ihrem eigenen Interesse. Wer sich als Mensch angesprochen fühlt und nicht als Kostenfaktor, bei dem erwacht auch ein moralisches Bewusstsein. Wer sich geachtet fühlt, hat in der Regel das Bedürfnis, sich auch achtenswert zu verhalten. Er wird weder Toiletten- noch Kopierpapier mitgehen lassen. Er wird nicht schlecht über die Firma oder den Chef sprechen. Er wird nicht stundenlang am Firmen-PC spielen und so den Arbeitgeber um seine Arbeitskraft betrügen. Und er wird eine Krankschreibung nicht bis zum letzten Tag ausnutzen, wenn er sich früher wieder fit fühlt.

Daneben gibt es eine ganze Reihe kleinerer Dinge, an denen Sie festmachen können, ob Sie einen Mitarbeiter schon erreicht haben und er gerne für Sie arbeitet. Sie bemerken das zum Beispiel an der Stimmung, mit der er zur Arbeit kommt, und an der Art und Weise, wie er mit Ihnen kommuniziert.

Checkliste:
Haben Sie Ihren Mitarbeiter erreicht?
- Übernimmt er Verantwortung, oder drückt er sich davor?
- Schaut er über den Tellerrand hinaus, oder beschäftigt er sich nur mit seiner eigenen Aufgabe?
- Bringt er Verbesserungsvorschläge, oder ist ihm alles egal?
- Hat er den Mut, Sie zu kritisieren, oder schluckt er alle Anweisungen widerspruchslos?
- Erscheint er ab und zu gut gelaunt am Arbeitsplatz, oder ist seine Stimmung ständig missmutig oder gleichgültig?
- Entfaltet er Eigeninitiative, oder arbeitet er nur brav Ihre Aufträge ab?

Die Kriterien in dieser Liste sind jedes für sich genommen unproblematisch. Wenn Sie aber bei einem Mitarbeiter mehrere Fragen mit Nein beantworten, dann haben Sie ihn vermutlich noch nicht erreicht und sollten aktiv werden, zum Beispiel, indem Sie ihm einen Vertrauensvorschuss geben. Jeder Vertrauensvorschuss packt den Mitarbeiter an seiner menschlichen Seite. Er appelliert an sein Gewissen, sich dieses Vertrauens würdig zu erweisen.

Sie haben den Menschen im Mitarbeiter erreicht, wenn er erkennt: „Der meint gar nicht seinen Fahrer Nummer 15, sondern der meint mich, Otto Kasulke!" Dem Fahrer Nummer 15 wäre es vermutlich ziemlich egal, wenn der Chef ihm nachweist, dass er ein paar Schauprodukte hat mitgehen lassen. Aber dem Menschen Otto Kasulke macht es etwas aus, wenn sein Vorsetzter ihm so etwas vorwirft. Und wenn der Chef nicht nur der Chef ist, sondern vielleicht der Mensch Stefan Hilfiger, dann würde sich Otto Kasulke bei solchen Vorwürfen fühlen wie ein Schuft.

Je mehr „Faktor Mensch" Sie in den Kontakt zu Ihrem Mitarbeiter legen, desto leichter erreichen Sie ihn.

Den Menschen im Mitarbeiter zu erreichen heißt: Sie erreichen sein Herz, seinen Ehrgeiz, seinen Stolz. Und Sie erreichen sein Gewissen, Sie packen ihn bei der Ehre. Er will Ihnen zeigen, dass er Ihrer Achtung und Ihres Vertrauens würdig ist. Das hat nichts mit Manipulation zu tun. Es ist die normale Art zwischenmenschlichen Umgangs. Natürlich gibt es Ausnahmen, die in irgendeiner Weise verroht sind. Aber das sind eben Ausnahmen. Die wenigsten Menschen verschließen sich auf Dauer, wenn sie wieder und wieder menschliche Züge beim anderen sehen.

Ehre und Stolz

Den Faktor Mensch ins zu Spiel bringen erfordert ein Persönlich-Werden. Darauf muss man sich als Person einlassen. Das heißt für eine Führungskraft auch, sich als Persönlichkeit zu zeigen. Damit macht sie sich als Mensch verletzlich. Ein automatenhaft agierender Vorgesetzter, der versucht, nur auf der Sachebene zu kommunizieren, kann auch nur auf der Sachebene angegriffen werden. Wer dagegen seine eigene Meinung durchblicken lässt oder gar Dinge aus seinem Privatleben erzählt, läuft Gefahr, dass diese persönlichen Informationen gegen ihn eingesetzt werden und er dann als Mensch leidet, etwa, weil er sich lächerlich vorkommt oder im Kollegenkreis als unprofessionell bezeichnet wird.

Wer den Mitarbeiter auch als Menschen wahrnimmt, zeigt dies einerseits nonverbal, in der Regel durch Blickkontakt und Lächeln, zweitens aber auch verbal, zum Beispiel, indem er sich Zeit nimmt für Gespräche, dabei Fragen stellt und sich Einzelheiten merkt, auch aus dem Privatleben.

Checkliste:
So nehmen Sie Ihren Mitarbeiter als Person wahr
- Zeigen Sie Ihr Lächeln. Jedes echte Lächeln wird als Ausdruck von Wertschätzung empfunden. Es tut ihm gut, und es tut Ihnen gut.
- Stellen Sie Fragen. Fragen signalisieren Interesse. Es versteht sich von selbst, dass Sie der Antwort aufmerksam zuhören.
- Nehmen Sie sich Zeit. Sie zeigen damit: Sie sind mir wichtig.
- Erkundigen Sie sich nicht nur nach der Arbeit, sondern auch nach Dingen aus dem Privatleben, die nicht brisant sind.
- Nehmen Sie die Bedürfnisse Ihres Mitarbeiters ernst. Kümmern Sie sich zeitig um deren Befriedigung, zum Beispiel um die Gewährung von Gleitzeittagen oder neuem Arbeitsmaterial.
- Fragen Sie den Mitarbeiter nach seiner Meinung, in fachlicher Hinsicht, aber auch einmal zu allgemeinen Themen wie Filmen, Sport usw.

Nach der Meinung fragen

Um den letzten Punkt kurz zu erläutern: Das sollen keine langen Diskussionen werden, manchmal reichen zwei Sätze, also zehn Sekunden, zum Beispiel: „Und was sagen Sie zur Gesundheitsreform? Vertrackt, oder?" So signalisieren Sie, dass der Mitarbeiter und Sie als Person gleichwertig sind, auch wenn Sie im Betrieb in einer hierarchischen Beziehung zueinander stehen. Die meisten Menschen empfinden solche Kurz-Dialoge als Ausdruck von Wertschätzung und fühlen sich als Person aufgewertet. Das gilt selbst dann, wenn gar kein echter Dialog zustande kommt. Der Beispielsatz zur Gesundheitsreform ist ja im Grunde nur ein Kommentar. Auch wenn der Mitarbeiter seine Meinung zu dem Thema zurückhält, wird er es als angenehm empfinden, auf diese Weise von Ihnen einbezogen und somit als Person gesehen zu werden.

Dieses Bedürfnis haben nicht nur die einzelnen Mitarbeiter. Auch Gruppen wollen wahrgenommen werden. Wenn zum Beispiel nach Aktionen für ethnische Gruppen (Afrikanische Woche o. Ä.) deren Krankheitsquote sinkt, lässt sich das so erklären: Die Gruppe hat sich kollektiv anerkannt gefühlt. Das Sich-Präsentieren-Dürfen hat offenbar dazu beigetragen, dass die Mitarbeiter mit dem Herzen bei der Sache sind, sich wohlfühlen, entsprechend Endorphine ausschütten (körpereigene Glückshormone) und dann auch weniger körperliche Symptome entwickeln. Wer sich zeigen darf, ist stolz auf sich. Er bringt seine Emotionen ein, und die kommen letztlich auch dem Unternehmen zugute, denn die Produktivität steigt – ob durch einen Rückgang des Krankenstandes oder durch mehr Verkäufe.

Nur wo ein Mitarbeiter weiß, dass der Vorgesetzte große Stücke auf ihn hält, wird er sich bei der Arbeit optimal entfalten können. Das gilt insbesondere für Arbeitsbereiche im Dienstleistungssektor und für alle Tätigkeiten, die mit Menschen zu tun haben. Wertschätzung verbal und nonverbal zu äußern ist der Königsweg, um einzelne Mitarbeiter und das gesamte Team wirklich zu erreichen – und damit auch die eigenen Ziele.

Kompakt

Tipps, wie Sie Ihre Mitarbeiter wirklich erreichen

- Seien Sie Mensch mit Herz und Gesicht. Halten Sie Ihre Emotionen nicht unter Verschluss.
- Gestehen Sie Fehler ein. Fehler machen menschlich.
- Wer den Mitarbeiter erreichen will, muss den Menschen im Mitarbeiter sehen. Nehmen Sie jeden als Person wahr.
- Zeigen Sie Wertschätzung, und zwar in Mimik, Worten und Taten.

5 Wie Sie Wertschätzung ausdrücken, ohne sich anzubiedern

Gerd Knauer hält zwar große Stücke auf sein Team, aber er ist der Ansicht, der eine oder andere Kollege könnte noch deutlich mehr an Leistung bringen. Da hört er in einem Seminar, es sei für die Motivation der Mitarbeiterinnen und Mitarbeiter wichtig, ihnen mit Wertschätzung und Anerkennung zu begegnen. Das würde sich auch positiv auf den Krankenstand auswirken.
Seinerseits nun hoch motiviert, geht er tags darauf durch den Betrieb und spendet Lob für alles, was ihm positiv auffällt: für die Ordnung am Arbeitsplatz genauso wie für gegenseitiges Kaffeeeinschenken, prompte Auftragserledigung oder den höflichen Umgangston. Er merkt, dass ihn das, trotz anfänglichem Herzklopfen, regelrecht beflügelt.
Seine gute Laune erfährt jedoch schnell einen Dämpfer. Zufällig hört Herr Knauer mittags, wie sich zwei Mitarbeiterinnen in der Teeküche unterhalten: „Merkst du's? Er war wohl wieder mal auf 'nem Seminar. Er lobt wieder – sogar, dass ich eine Briefmarke im rechten Winkel aufgeklebt habe."

Die Mitarbeiter von Gerd Knauer fühlen sich verschaukelt. Anscheinend passt das Verhalten ihres Chefs nicht zu seinem sonstigen Gebaren und seine anerkennenden Worte entsprechen nicht der eigenen Bewertung ihres Tuns. So finden die Mitarbeiter es vermutlich selbstverständlich, sich gegenseitig die Tür aufzuhalten. Wenn nun der Vorgesetzte dieses Verhalten mit Lobeshymnen versieht, fühlen sie sich nicht ernst genommen, vielleicht sogar geringgeschätzt. Unter Umständen halten sie ihren Chef nun für einen Kriecher. Im schlimmsten Fall werden sie durch unangemessene

Anerkennung demotiviert, nach dem Motto: „Wenn der mich für so einen Kleinkram lobt, scheint er mir ja nicht viel zuzutrauen – und das bei meinen Qualifikationen!"

Gerd Knauer hat es gut gemeint mit seinen motivationsfördernden Sprüchen, aber leider hat er dabei Haltung und Verhalten verwechselt, weshalb sein gut gemeinter Anerkennungsversuch nicht ankam. Er wirkt nicht authentisch, und seine Aktionen erreichen das Gegenteil der erwünschten Wirkung, weil seine Verhaltensweisen nicht seiner Haltung entsprechen – zumindest nicht aus Sicht seiner Mitarbeiter.

Haltung und Verhalten

> Lob ist eine Verhaltenstechnik. Wertschätzung ist eine Haltung. Ohne die entsprechende Haltung wirkt das Verhalten künstlich und kann im schlimmsten Fall das Gegenteil der beabsichtigten Wirkung erzielen.

Haltung drückt sich im Verhalten aus. Verhalten kann man theoretisch üben. Aber: Das Verhalten wird nur dann als authentisch wahrgenommen, wenn es mit der dahinterstehenden Haltung übereinstimmt.

Wertschätzung – eine Frage der Haltung

Haltung lässt sich entwickeln. Überlegen Sie, welche Einstellung und Herangehensweise Sie von sich erwarten, zum Beispiel in Bezug auf einen ungeliebten Kollegen oder Mitarbeiter, über den Sie sich häufig aufregen. Dann suchen Sie ganz bewusst nach etwas, das Ihnen an diesem Menschen gefällt. Auf diese Weise können Sie langsam ein positives Verhältnis zu ihm entwickeln. Das ist nicht leicht, denn automatisch haben wir die negativen Gedanken im Kopf, die positiven müssen wir erst mühsam erarbeiten. Aber je häufiger Sie es schaffen, in Ihrem Denken positive Aspekte an jemandem zu berücksichtigen, den Sie nicht sehr mögen, desto mehr verfestigt sich die Bahnung in Ihrem Gehirn „Meyer = positiv", und desto leichter kann sich ein echtes Gefühl von Wertschätzung einstellen.

5 Wie Sie Wertschätzung ausdrücken, ohne sich anzubiedern

Verstehen Sie mich nicht falsch: Wenn Sie objektiv haltbare Beweise dafür haben, dass jemand Ihnen übel gesinnt ist, hinter Ihrem Rücken intrigiert und die Leute aufhetzt oder Ähnliches, dann sollen Sie Ihre Psyche nicht zwingen zum „Liebe deine Feinde", obwohl auch das schon empfohlen wurde. Die allermeisten ärgerlichen Gedanken haben wir jedoch nicht wegen abrundtiefer Bösartigkeit anderer, sondern aufgrund von uns fremden Verhaltensweisen, die wir negativ interpretieren, die man aber auch anders sehen könnte. Ein Beispiel:

Alternativerklärungen suchen

Einer Ihrer Mitarbeiter kommt zum zweiten Mal zu spät zum Team-Meeting; er entschuldigt sich nicht, sondern setzt sich mit einem kurzen Nicken in Ihre Richtung in die Runde. Sie ärgern sich darüber, denn Sie halten seine Verspätung für einen Ausdruck mangelnder Wertschätzung und sein Kopfnicken für hochmütig. Welche anderen Erklärungen könnte es für sein Verhalten geben?

1. **Warum kommt er zu spät?**
   - Ein Kunde hat ihn aufgehalten, und der Kunde ging natürlich vor (das wäre bei Ihnen genauso).
   - Seine Tochter hatte einen Unfall und seine Frau rief deshalb gerade an.
   - Sein Zug hatte Verspätung wegen einer Bombenentschärfung.
   - Die Sicherheitsfachkraft kam vorbei und verlangte, dass der Notausgang frei geräumt wird.

2. **Warum setzt er sich ohne Entschuldigung?**
   - Weil er Sie nicht unterbrechen will,
   - weil er es ohnehin schon unverschämt findet, zu spät zu kommen, und nun nicht noch mehr auffallen will,
   - weil er Vorwürfe fürchtet,
   - weil er nach dem Meeting zu Ihnen kommen und die Verspätung erklären will.

An der Haltung arbeiten

Suchen Sie sich die in Ihren Augen positivste Erklärung heraus – davon profitieren Sie selbst auch, denn Sie werden sich sicher nicht besonders gut konzentrieren können, wenn Ihnen ständig durch den Kopf geht, wie unverschämt Sie das Verhalten des Mitarbeiters finden. Diese Art Gedankenerziehung ist umständlich und mühselig, aber sie ist erfolgversprechend. Eine ganze Psychotherapierichtung, die so genannte kognitive Verhaltenstherapie, arbeitet nach diesem Ansatz – und sie wird sogar von der Gesetzlichen Krankenversicherung in Deutschland bezahlt.

Das Geheimnis ist die oben beschriebene Bahnung im Gehirn: Je häufiger wir einen Gedanken denken (zum Beispiel „Mit etwas Geduld löse ich selbst die schwierigsten Aufgaben", „Kollege Meyer ist klasse"), desto selbstverständlicher wird sich dieser Gedanke auch dann einstellen, wenn uns einmal alles und jeder auf die Nerven fällt. Das Gehirn nimmt immer den Weg mit der stärksten Bahnung, und mit jedem Denken eines Gedankens wird die Bahnung verstärkt. Es ist für viele Menschen eine komisch und fast schon esoterisch anmutende Vorstellung, dass wir unser Gehirn erziehen können. Darum gilt: Probieren Sie es aus!

Eine Bahnung im Gehirn legen

Erinnern Sie sich an die so genannten Motivationsgurus? Die Leute über Scherben oder glühende Kohlen laufen ließen oder höhenängstliche Menschen aufs Dach eines Hochhauses lockten? Und wenn diese Menschen dann geschafft hatten, was sie wollten, dann sollten sie sich hinstellen und die Becker-Faust machen und „Yeaaaah!" rufen oder „Tschakka!". Das sah für Außenstehende befremdlich aus, aber die Idee dahinter ist alt und auch auf wesentlich unauffälligere Art und Weise umsetzbar: Das körperliche und seelische Glücksgefühl, das mit dem Erreichen des Ziels einhergeht, lässt sich durch eine Bewegung verankern. Dadurch wird im Gehirn eine Bahnung angelegt.

Hintergrund
Das Prinzip des Ankers ist eine Form der Konditionierung, also das, was Iwan Pawlow in seinen bekannten Experimenten mit seinen Hunden gemacht hat, indem er die Fütterung mit dem Ton einer Glocke kombinierte. Bald schon regte sich der Speichelfluss der Hunde allein aufgrund des Glockenklangs. Auf vergleichbare Weise können Sie ein Erfolgserlebnis mit einer Bewegung verknüpfen und so das Glücksgefühl in späteren Situationen abrufen, indem Sie die Bewegung ausführen. Das kann eine unauffällige Berührung sein, zum Beispiel mit Daumen und Zeigefinger

> ans Ohrläppchen zu fassen, mit Daumen und Mittelfinger das Handgelenk zu umschließen oder die Kuppe von Daumen und Mittelfinger aneinanderzulegen. Diese Geste machen Sie nun jedes Mal, wenn Sie ein Erfolgserlebnis haben. Wenn sie nach einiger Zeit fest verankert ist, wirkt sie auch in unangenehmen Situationen.

Haltung überprüfen Ihre Haltung gegenüber Ihren Mitarbeiterinnen und Mitarbeitern können Sie auch überprüfen, indem Sie sich fragen, wie Sie darauf reagieren, wenn Gespräche plötzlich verstummen, sobald Sie dazukommen. Schießt Ihnen dann sofort durch den Kopf: „Die reden über mich"? Das sollten Sie als einen Hinweis darauf werten, Ihr Selbstwertkonto aufzufüllen. Natürlich kann es gut sein, dass die zwei oder drei gerade über Sie gesprochen haben. Sie sprechen ja auch manchmal über Ihren Chef. Aber es ist dennoch nicht gut für Ihr Selbstwertgefühl, wenn Sie das plötzliche Schweigen auf sich beziehen. Sie haben mehr davon, wenn Sie wie oben beschrieben nach alternativen Erklärungen für das Verhalten suchen, Erklärungen, die mitarbeiter- und selbstwertfreundlicher sind. Stellen Sie sich also die Frage: „Wieso hören Mitarbeiter auf zu reden, sobald der Chef vorbeikommt?" Stellen Sie die Frage ruhig so abstrakt, statt persönlich zu formulieren: „Wieso hören meine Mitarbeiter auf zu reden, sobald ich vorbeikomme?" Die Abstraktion hilft Ihnen, Dinge emotionsloser und damit klarer zu sehen.

Mögliche Antworten könnten zum Beispiel sein:
- Ein Mitarbeiter hat gestern im Lotto gewonnen und überlegt nun zu kündigen – bis er sich entschieden hat, soll der Vorgesetze davon nichts erfahren.
- Eine Beschäftigte hat soeben beim Arztbesuch eine schlechte Diagnose erfahren; das belastet sie, und so sucht sie Entlastung im Gespräch mit Kolleginnen.
- Eine Mitarbeiterin weiß seit Kurzem, dass ihr Mann sie betrügt – das ist peinlich, und das muss der Chef nicht wissen.
- Eine Kollegin überlegt, ob sie sich liften lassen soll.
- Die Mitarbeiter planen gerade die Geburtstagsüberraschung für Sie.

Sie merken: Die Alternativerklärungen dürfen ruhig ausgefallen sein. Im ersten Schritt geht es nur darum, so viele Erklärungen wie möglich zu sammeln. Dabei geht Quantität vor Qualität. So öffnen Sie Ihren Geist für kreative Ideen. Aussortieren können Sie später immer noch. Entscheiden Sie sich dann für die Erklärung, die zu Ihren Mitarbeitern am besten passt und gleichzeitig positiv ist. Wenn Sie in Gedanken sofort beginnen, mit einem der Beteiligten zu schimpfen (Der steht hier herum, anstatt zu arbeiten!), werden Sie vermutlich aggressiv ins Gespräch gehen. Sinnvoller ist es, ruhig danach zu fragen, worum es gerade geht. Vermutlich wird sich allein schon durch Ihre Frage die kleine Gruppe auflösen.

Sie sollten nicht den Ehrgeiz haben, Gesprächsgrüppchen während der Arbeitszeit grundsätzlich aufzulösen, sondern eher Geduld aufbringen, bevor Sie maßregelnd einschreiten. Der zwischenmenschliche Austausch am Arbeitsplatz ist ein Grund dafür, dass Menschen gern zur Arbeit kommen und dann auch ihrer eigentlichen Tätigkeit gern nachgehen. Sehr häufig wird in diesen Grüppchen auch über Berufliches gesprochen, werden Missverständnisse ausgeräumt, was für ein positives Arbeitsklima sorgt. Werden Sie also nicht gleich bei jedem Schwätzchen argwöhnisch – freuen Sie sich stattdessen, dass Ihre Leute anscheinend gern miteinander umgehen.

Schwätzchen tun gut

Wenn Sie sich, zum Beispiel in der Teeküche, mit Ihrem Kaffee dazugesellen und in entspannter Haltung fünf Minuten dabeibleiben, geben Sie das Signal: Ich nehme mir die Zeit für einen Plausch mit Ihnen. Dann können Sie sicher sein, dass langfristig die Verkrampfung bei Ihrem Anblick verschwinden wird. Und Sie können ebenso sicher sein, dass, wenn Sie wieder an Ihre Arbeit gehen, sich gleichzeitig das Grüppchen auflösen wird mit demselben Ziel. Es ist nicht nötig, hierfür Sätze wie „Also, weiter geht's" zu bemühen. Dadurch fühlen Menschen sich eher bevormundet und reagieren innerlich mit Trotz. Haben Sie stattdessen das Vertrauen, dass Ihre Leute sowieso gleich wieder zur Arbeit zurückkehren. Und selbst wenn Sie dieses Vertrauen nicht haben: Signalisieren Sie, dass Sie es haben, indem Sie Ihrerseits unkommentiert Ihre Arbeit aufnehmen. Spätestens beim dritten Mal können Sie sicher sein, dass Ihre Mitarbeiter es Ihnen gleichtun werden und sich durch Ihr Vertrauen geehrt fühlen.

Vertrauen statt Kontrolle

Auch wenn ich mich wiederhole: Die allermeisten Menschen wissen, dass sie arbeiten müssen, um ihr Geld zu verdienen. Versuche, dem Vorgesetzten Arbeitskraft vorzuenthalten, sind fast immer Resultat der Bemühungen von Führungskräften, die Mitarbeiter zu kontrollieren. Aus Trotz suchen diese dann nach Lücken im System und stürzen sich auf Möglichkeiten zur unerkannten Leistungsverweigerung, indem sie etwa die Pausen überziehen. Wenn Sie vor dem Hintergrund eines positiven Menschenbildes und einer wertschätzenden Haltung einen Vertrauensvorschuss gewähren, erleichtern Sie sich damit Ihren Job.

Wirklich wertschätzen kann man nur, wen man kennt

Sich selbst ein Bild machen

Gerd Knauer konnte mit seinen gut gemeinten Streicheleinheiten bei seinen Leuten nicht landen und ist stattdessen ins Fettnäpfchen getappt. Das lag unter anderem daran, dass er die Reaktion seiner Mitarbeiter nicht gut vorhersehen konnte. Er wusste auch nicht, wie die Leute selbst ihr Verhalten bewerteten. Wertschätzen kann man aber nur, was man kennt. Das heißt bezogen auf den betrieblichen Kontext: Sie müssen sich als Vorgesetzter ein Bild von jedem Mitarbeiter machen – und zwar möglichst eins, das sich nicht nur auf die Arbeitstätigkeit bezieht, sondern auf den ganzen Menschen. Natürlich wird dies mit steigender Mitarbeiterzahl immer schwieriger. Als Faustregel gilt: Mehr als 30 Mitarbeiter kann man nicht wirklich kennen.

Die These „Wertschätzen kann man nur, was man kennt" bedeutet auch: Sie müssen sich vertraut machen; und was und wen Sie sich vertraut gemacht haben, dafür und für denjenigen müssen Sie auch Verantwortung übernehmen. Denken Sie an die Geschichte vom kleinen Prinzen und dem Fuchs. Wenn man sich noch nicht kennt oder noch nicht mag, dann sollten in jedem Fall als Vorstufe Höflichkeit und Respekt walten, auch Pünktlichkeit gehört dazu. Hierfür braucht man nicht mehr, als sich auf die gute Kinderstube zu besinnen. Parallel sollten Sie an der Entwicklung von Wertschätzung arbeiten, indem Sie Ihr Interesse an anderen intensivieren. Dazu eignet sich jeder Gesprächskontakt, insbesondere durch Fragen erhalten Sie neue Informationen. Das macht Sie frei von jeglichem Verdacht, sich „einschleimen" zu wollen.

> Jede Frage dient der Informationserfassung. Nutzen Sie Fragen als Mittel, um sich mit Ihren Leuten vertraut zu machen und sie kennen zu lernen. Wer fragt, biedert sich nicht an.

Angenommen, Sie würden einen Ihrer Mitarbeiter gern loben, sind sich aber nicht sicher, wie er selbst seine Leistung einschätzt. Und Sie wollen natürlich vermeiden, dass Sie wie Gerd Knauer Lobeshymnen aussprechen für etwas, dass der Mitarbeiter als selbstverständlich betrachtet. Da hilft nur eines: Fragen Sie ihn, wie er seine Leistung bewertet. Delegieren Sie also das Lob an ihn. Die Reaktion wird nur in den seltensten Fällen lauten: „Ja, das hab ich super gemacht." Eher werden Sie ein Achselzucken ernten, vielleicht begleitet von dem Kommentar „Nicht so übel, glaub ich". Wenn Sie dann mit einem Lächeln zustimmend nicken, können Sie sicher sein, nichts falsch zu machen. Sagen Sie etwas wie: „Ja, ich habe auch den Eindruck, der Auftrag ist Ihnen gut gelungen." So lassen sich Peinlichkeiten vermeiden.

Lob delegieren

Ich habe schon Führungskräfte kennen gelernt, die jede Form von Anerkennung vermieden, nur um nicht als Kriecher dazustehen. Falls Sie sich verbal nicht recht trauen, Ihre Wertschätzung zu äußern, gibt es auch andere Wege und Möglichkeiten. Echte Wertschätzung zeigt sich nicht nur in Worten, sondern nicht zuletzt in Taten. So wird etwa das Übertragen wichtiger Aufgaben als wertschätzend empfunden. Eigene Kompetenzbereiche zu erhalten, eine Eröffnungsrede halten zu dürfen, mit wichtigen Kunden selbstständig zu verhandeln, Budgetverantwortung – all das gilt als Anerkennung und stärkt das Selbstwertgefühl Ihrer Mitarbeiter.

> Wertschätzung ist eine Ressource, die jeder Führungskraft unbegrenzt zur Verfügung steht. Trotzdem haben die meistem Mitarbeiter den Eindruck, dass es sich um ein äußerst knappes Gut handelt.

5 Wie Sie Wertschätzung ausdrücken, ohne sich anzubiedern

Checkliste:
So zeigen Sie Wertschätzung

- Versuchen Sie, immer pünktlich zu sein. Falls Sie doch einmal zu spät kommen, entschuldigen Sie sich in aller Form und mit Begründung.
- Bemühen Sie sich um höfliche Umgangsformen. Das Türaufhalten oder Kaffeeeinschenken sollte für Sie genauso selbstverständlich sein wie für Ihre Mitarbeiter.
- Begegnen Sie allen Mitarbeitern mit Respekt, auch den Reinigungskräften der Fremdfirma und dem Pförtner.
- Zeigen Sie, dass Sie sich für Ihren Mitarbeiter auch als Menschen interessieren.
- Kümmern Sie sich um Anliegen Ihrer Mitarbeiter möglichst umgehend und informieren Sie sie auch über Zwischenstände.

Wertschätzung zahlt sich für Sie aus

Die Produktivität der meisten Menschen steigt erheblich, wenn sie sich als Person geschätzt und als Leistungsträger anerkannt fühlen. Wertschätzung ist vor diesem Hintergrund kein Selbstzweck, sondern dient betriebswirtschaftlichen Interessen. Sie sollte aber nie als Hilfsmittel missbraucht werden, zum Glück würde dieser Weg auch gar nicht funktionieren. Eine Führungskraft, die nur so tut, als würde sie ihre Mitarbeiter schätzen, wird schnell durchschaut, wie das Beispiel des Gerd Knauer zeigt. Menschen spüren es, ob Wertschätzung von Herzen kommt oder nur gespielt ist. Echte Wertschätzung zielt nicht darauf ab, Werte tatsächlich zu messen, schlägt sich aber dennoch in handfesten Produktivitätsmaßen nieder.

Erfolgsfaktor Wertschätzung

Ein Vorgesetzter, der empfundene Wertschätzung äußert, profitiert in mehrfacher Hinsicht: Einerseits gibt er sich selbst ein besseres Gefühl, denn Wertschätzung zu schenken tut gut und wirkt sich positiv aufs Klima aus. Zweitens dankt der Mitarbeiter es ihm mit mehr oder besserer Leistung. Drittens macht Anerkennung für andere beliebt. Wer uns schätzt, den schätzen wir auch. Das schlägt sich in konkreten Handlungen nieder, in freiwilligen Mehrarbeiten ebenso wie in der Übernahme unliebsamer Schichten oder dem Erweisen kleiner Gefälligkeiten. Das Leben wird leichter, denn Stimmung und Arbeitsklima verbessern sich deutlich durch wertschätzendes Verhalten (siehe auch Folgekapitel).

Selbstwertschätzung ist die Basis

Unsere Stimmung hängt stark ab von der Wertschätzung, die wir für uns selbst empfinden. Wir strahlen aus, was wir über uns denken. Wer sich nicht mag, ist selten gut gelaunt. Begreifen Sie daher Selbstwertschätzung als Grundlage für eine gute Arbeitsatmosphäre. Natürlich hängt das Klima in einer Abteilung auch ab von der Wertschätzung, die wir anderen entgegenbringen. Wenn Ihre Leute denken, dass Sie sie für Trottel halten, ist die Stimmung unter null. Wie so oft, gilt auch hier: Wer sich selbst schätzt, kann auch andere anerkennen.

Vorgesetzter als Therapeut?

Vielleicht denken Sie: Ich bin doch nicht der Therapeut für Verletzungen, die mein Mitarbeiter seit der Kindheit mit sich herumschleppt, und für sein Selbstwertgefühl ist doch jeder Erwachsene selbst verantwortlich. Das stimmt zur Hälfte. Natürlich können Sie als Vorgesetzter nicht wettmachen, was bei einem Menschen in den ersten zwei Lebensjahrzehnten ruiniert wurde. Andererseits gilt es zwei Aspekte zu bedenken: Einmal stellt sich die Frage, ob es Ihnen nicht nützen kann, das Selbstwertgefühl des Mitarbeiters immer wieder zu stärken. Und diese rhetorische Frage werden Sie mit einem klaren Ja beantworten, wenn Sie bis hier gelesen haben. Sie profitieren in Form von besserer Leistung, mehr Kreativität, mehr Selbstvertrauen bei der Übernahme von Verantwortung, schnellerer Einarbeitung in neue Gebiete usw. Zweitens zeigt eine Untersuchung der Betriebskrankenkassen, dass das Selbstwertgefühl eines Mitarbeiters stark davon abhängt, in welchem Maße er von seinem Vorgesetzten soziale Unterstützung erhält (siehe Kapitel 7). Sie als Führungskraft haben etwas davon, Ihre Leute zu stärken.

Mitarbeiter als Werbeträger

Kürzlich lernte ich in einer öffentlich ausgeschriebenen Veranstaltung fünf Vertreter aus dem Produktionsbereich einer Brezelbäckerei kennen; der Betrieb beschäftigte zum damaligen Zeitpunkt in der Produktion 200 Mitarbeiter und vertrieb seine Waren in einem Franchise-Filialvertrieb. Alle fünf versicherten glaubhaft, dass ihr Chef sie persönlich kenne; er komme regelmäßig vorbei, begrüße die 200 (!) Leute mit Handschlag und wisse von den meisten sogar Details aus dem

Familienleben – er pflege trotz unterschiedlicher Standorte den Kontakt zu seinen Mitarbeitern, nicht nur zu den Führungskräften. Die fünf Seminarteilnehmer schwärmten regelrecht von ihrem Chef, und zwar aufrichtig. Er kümmere sich um gesundheitliche und arbeitsschutzbezogene Belange. Hierfür nannten sie etliche Beispiele. Vor allem sei er für sie als Mensch greifbar. Ganz stolz brachten sie am nächsten Tag einige ihrer Produkte für die gesamte Seminargruppe mit. Es versteht sich von selbst, dass diese Brezelbäckerei schwarze Zahlen schreibt: Die Mitarbeiter sind die besten Werbeträger, die der Chef sich wünschen kann. Sogar in den Pausen schwärmten sie den anderen Teilnehmern von ihrem Unternehmen vor – und ganz sicher wird fortan keiner der Anwesenden je an einer Filiale der Brezelbäckerei vorbeigehen können, ohne an die begeisterten Gesichter der Firmenvertreter zu denken.

Es ist ganz im Sinne des Unternehmens, wenn Sie mit Wertschätzung führen.

Die Grundlage für die Entwicklung einer wertschätzenden Haltung liegt wieder einmal in Ihnen selbst. Beginnen Sie bei sich: Selbstwertschätzung ist die unverzichtbare Basis dafür, anderen wertschätzend begegnen zu können.

> **Kompakt**
>
> **Tipps, wie Sie Wertschätzung ausdrücken, ohne sich anzubiedern**
>
> - Arbeiten Sie daran, eine wertschätzende Grundhaltung zu entwickeln, indem Sie immer wieder Ihre Gedanken überprüfen.
> - Versuchen Sie, Ihre Leute kennen zu lernen. Wertschätzen kann man nur, was man kennt, und bereits das Kennenlernen-Wollen wird von Mitarbeitern als Wertschätzung empfunden.
> - Wenn Sie sich nicht sicher sind, ob der Mitarbeiter Ihre Ansicht teilt: Delegieren Sie die Anerkennung an ihn, indem Sie ihn um eine Selbsteinschätzung seiner Leistung bitten.
> - Auch hier gilt wieder: Beginnen Sie bei sich selbst. Wer sich selbst nicht schätzen kann, tut sich auch schwer mit der Anerkennung anderer.

6 Wie Sie zu einem positiven Arbeitsklima beitragen

Stefan Schönaug, Leiter eines zwölfköpfigen Call-Center-Teams, möchte eine Kommunikationsberaterin einsetzen, weil es Probleme mit einigen Mitarbeiterinnen gibt. Im Briefinggespräch am Telefon erklärt er: „Kommen Sie bitte für zwei Tage in mein Team. Ich habe da vier Frauen, die bringen's nicht. Die haben innerlich gekündigt, machen nur das Nötigste und kommen schon mit heruntergezogenen Mundwinkeln morgens ins Büro. Die reißen mir die Leistung der ganzen Mannschaft herunter und gefährden das Erreichen meiner Zielvereinbarung." Als die Beraterin sich erkundigt, wie denn ansonsten die Stimmung und das Klima in seinem Team seien, antwortet er lebhaft: „Supergut! Das werden Sie ja sehen, wenn Sie kommen. Wir lachen sehr viel und haben richtig viel Spaß miteinander."

Vermutlich denken Sie beim Lesen dieses Falles: Das kann nicht sein – ein Team aus zwölf Leuten, in dem eine Spitzenstimmung herrscht, obwohl ein Drittel der Mitarbeiter innerlich gekündigt hat? Die Einschätzung des Teamleiters scheint fragwürdig zu sein. Zumindest die vier Frauen dürften das Klima als schlecht empfinden. Dass die Leistung nicht stimmen kann, wenn die Stimmung beeinträchtigt ist, ist nachvollziehbar.

Warum das Klima wichtig ist

Leistung und Betriebsklima hängen eng zusammen. Zwar gibt es auch Studien, die darauf hinweisen, dass eine sehr große Mitarbeiterzufriedenheit die Leistung reduzieren kann, ein Mindestmaß an

6 Wie Sie zu einem positiven Arbeitsklima beitragen

Wohlbefinden ist aber unverzichtbar für gute Arbeitsergebnisse (siehe Kapitel 3). Ein schlechtes Klima lenkt ab, denn die Aufmerksamkeit ist gestört, wenn die Gedanken etwa nur darum kreisen, wie unfreundlich der Kollege heute früh gegrüßt hat. Wo die Konzentration gestört ist, passieren mehr Fehler. Fehler tragen ihrerseits zu einer weiteren Verschlechterung des Betriebsklimas bei. Ein Teufelskreis entsteht, in dem offenbar auch die vier Frauen und Stefan Schönaug gefangen sind.

Klima und Gesundheit Wer sich wohlfühlt unter Kollegen, kommt gern zur Arbeit. Er kommt auch, wenn Not am Mann ist, um die anderen nicht im Stich zu lassen. Die AOK fand an über 10.000 Versicherten heraus: Es gibt einen engen Zusammenhang zwischen Betriebsklima und Rückenschmerzen. In Abteilungen mit schlechtem Klima litten ungleich mehr Leute an Rückenschmerzen als in solchen, in denen eine angenehme Atmosphäre herrschte. Wie ist dieser Zusammenhang zu erklären?

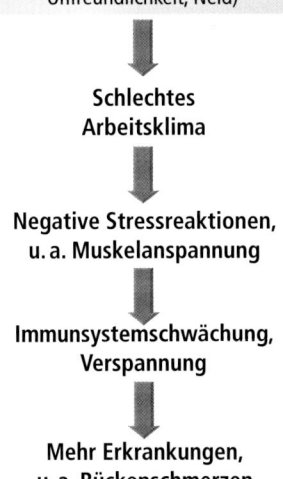

Abb. 6.1: Einflussfaktoren und Folgen schlechten Arbeitsklimas

Wie die Abbildung zeigt, tragen unterschiedliche Faktoren zum Klima bei: die Organisation der Arbeitsabläufe ebenso wie das physikalische Arbeitsumfeld und die zwischenmenschlichen Beziehungen am Arbeitsplatz. Fallen diese Aspekte negativ aus, so ist das Betriebsklima schlecht. Dies führt zu Stressreaktionen, wie zum Beispiel Muskelanspannung. Bildlich gesprochen ziehen wir bei Ärger mit Kollegen den Kopf ein, was zu Anspannungen der Muskeln längs der Wirbelsäule führt. Auf Dauer wird daraus eine Verspannung der Muskulatur, die eine ausreichende Versorgung mit Sauerstoff verhindert und langfristig Schmerzen verursacht. Da wir bei Schmerzen zu einer Schonhaltung neigen, bleibt die Muskulatur unbewegt im schmerzhaften Zustand der Verspannung.

Nicht nur die Erkrankungsquote ist geringer, wenn das Klima stimmt. Menschen sind auch kreativer, wenn sie sich wohlfühlen am Arbeitsplatz. Das merkt man zum Beispiel an der Zahl der eingereichten Verbesserungsvorschläge im Betrieblichen Vorschlagswesen. Wer sich unwohl fühlt, dem ist gleichgültig, was man verbessern könnte oder wie es mit der Firma weitergeht. Nicht zuletzt funktioniert der Informationsfluss zwischen den Mitarbeiterinnen und Mitarbeitern besser, wenn die Atmosphäre angenehm ist. Missverständnisse und daraus entstehende unnötige Mehrarbeiten werden so vermieden. Es ist also in Ihrem Interesse als Führungskraft, für ein möglichst angenehmes Arbeitsklima zu sorgen.

Wie Sie als Führungskraft das Klima beeinflussen

Ein Trainerkollege erzählte neulich: „Wie das Klima in einer Niederlassung ist, das erkenne ich schon in der Eingangshalle. Wenn ich sehe, der Mülleimer läuft über, weiß ich schon, wie es auf den Toiletten aussieht. Da kümmert sich keiner. Und wenn dann auch noch die Sekretärin ihr ‚Moan' in den Bart nuschelt, ist mir klar, ich werde an dem Tag zum Fußabtreter. In solchen Häusern interessiert es den Chef nicht, welche Seminare seine Leute besuchen, und die Teilnehmer schlurfen dementsprechend unmotiviert eine Viertelstunde zu spät in den Seminarraum. Und dann gibt es Häuser, da ist die Empfangs-

6. Wie Sie zu einem positiven Arbeitsklima beitragen

halle sauber, da werde ich beim Empfang richtig nett begrüßt und in meinen Raum begleitet, wo der Kaffee schon bereitsteht. Dort sind die Teilnehmer mit Sicherheit motiviert, und der der Vorgesetzte hält die Eröffnungsrede, eben weil es ihn interessiert, was in seinem Haus vorgeht. Dem ist es nicht nur um die nackten Zahlen zu tun. So ein Chef nimmt sich auch schon mal die Zeit, den halben Vormittag dabeizusitzen. Man merkt schon in der Eingangshalle, wie die Führung tickt."

Führungsebene als Wettermacher Die Geschäftsleitung prägt das Klima im ganzen Haus und ebenso tut dies jeder Vorgesetzte in seiner Abteilung. Eine Nicht-Beeinflussung ist gar nicht möglich. Es kann höchstens sein, dass Sie nicht wahrnehmen, wie Sie das Klima prägen. Genauso geht es auch Stefan Schönaug in dem oben geschilderten Fall. Er bemerkt nicht, wie er als Wettermacher fungiert.

Die Beraterin beobachtet das Team von Stefan Schönaug genau, insbesondere die Zusammenarbeit. Stefan Schönaug hat unter seinen Mitarbeitern zwei junge hübsche Frauen. Mit ihnen flirtet er ausgiebig. Das ist witzig, kreativ, voller Esprit. Man könnte es filmen und in einer Comedyshow zeigen. Außerdem sind im Team sechs Männer, die ihrem Chef offenbar die Rolle des Alphamännchens neidlos zugestanden haben. Jedenfalls heizen sie die Flirts noch ein bisschen an, machen auch ihre Witze und haben ebenfalls ihren Spaß. Und dann gibt es vier weitere Frauen im Team von Herrn Schönaug. Auch mit diesen hat er natürlich Kontakt, dafür sorgt die tägliche Arbeit. Aber die emotionale Qualität des Kontakts ist hier ganz anders: Wenn Stefan Schönaug mit diesen Frauen spricht, ist sein Gesichtsausdruck ernst und der Ton sachlich: „Und? Alles klar? Wisst ihr, was ihr machen müsst?" Er verliert nicht ein Wort zu viel.

Dieser Fall, der klingt wie aus einem Lehrbuch, zeigt ebenso einfach wie eindrucksvoll, wie wichtig die Gleichbehandlung von Mitarbeitern ist, und zwar auch in emotionaler Hinsicht. Es liegt auf der Hand, dass die vier Frauen in dem Team keine Lust haben, sich für ihren Leiter besonders einzusetzen. Genauso klar ist aber auch, dass sie nie im Leben das Thema angesprochen hätten, etwa: „Chef, flirten Sie doch bitte auch einmal mit uns, wir fühlen uns sonst selbstwertmäßig zurückgesetzt." Stattdessen ziehen sie sich zurück und kommunizieren genauso knapp und nüchtern, wie Stefan Schönaug mit ihnen spricht. Und auch der Gesichtsausdruck dürfte derselbe sein. Einen Preis für die beste Comedy gewinnen sie damit natürlich nicht. Wie auch? Ihnen ist der Spaß vergangen.

> Wer nur mit seinen Lieblingen Spaß hat, braucht sich nicht zu wundern, wenn die anderen Mitarbeiter zu Spaßbremsen und folglich auch zu Leistungsbremsen werden.

Verteilen Sie Ihre Aufmerksamkeit möglichst gleichmäßig. Natürlich gibt es in jedem Team Mitarbeiterinnen oder Mitarbeiter, die Ihnen als Führungskraft näher stehen als andere. Das ist ganz normal und menschlich und wird sich nicht ändern lassen. Aber es darf Sie nicht dazu verführen, ausschließlich mit Ihren Lieblingen zu kommunizieren. Stefan Schönaug hat natürlich mehr Spaß daran, mit seinen beiden Favoritinnen zu flirten, und Gespräche fallen ihm mit den beiden viel leichter als mit den vier anderen Frauen. Aber dafür bekommt er die Quittung.

Kommunikation mit allen

Die Introvertierten und diejenigen, die Sie vielleicht noch nicht so gut kennen, haben genauso ein Anrecht auf Ihre Beachtung wie alle anderen. Auch bei ihnen sollten Sie sich um eine emotional positive Färbung des Kontakts bemühen. Natürlich sollen Sie sich nicht verstellen oder heucheln. Aber auch Menschen, die einem nicht so nahe stehen, kann man ab und an fragen: „Und, wie war der Urlaub?" Oder: „Schönes Wochenende gehabt?" Und man kann von sich erzählen: „Wir waren wandern, bis aufs Wetter war alles prima." Dabei verbiegt man sich nicht, und dennoch empfängt der andere das Signal: Ich bin interessiert daran, dass wir einen guten Kontakt haben.

Was Sie bewusst fürs Klima tun können

Wie sich das Klima entwickelt, das fängt bei einfachen Dingen an: Wenn die Führungskraft einen höflichen, freundlichen Umgangston pflegt, wird sie damit das restliche Team anstecken. Menschen sind nun einmal Herdenwesen. Wir folgen unserem Alphatier auch in Kleinigkeiten. Die morgendliche Begrüßung, die abendliche Verabschiedung und immer wieder ein lächelndes Bitte oder Danke zwischendurch sind Schmiermittel für den zwischenmenschlichen Umgang. Und sie sind ansteckend wie ein Virus im positiven Sinne. Insbesondere Leistungen, die Sie als Vorgesetzter für das Team erbringen, fördern das Klima. Zum Beispiel wird es einer Führungskraft erfahrungsgemäß hoch angerechnet, wenn sie sich vor anderen erkennbar dafür einsetzt, dass die Klimaanlage überprüft, der neue Wasserspender bald besorgt wird oder rückengeschädigte Mitarbeiter besondere Stühle bekommen. Die Botschaft „Der Chef kümmert sich" führt dazu, dass die Mitarbeiter sich aufgehoben und geschätzt sehen und dieses Gefühl auch gern an Kollegen weitergeben.

Natürlich können auch gemeinsame Feste zu einem positiven Klima beitragen. Manche Führungskräfte überraschen ihre Mitarbeiterinnen und Mitarbeiter im Sommer hin und wieder mit einem Eis, stellen ihnen im Dezember Schokoniköläuse auf den Tisch oder laden sie zu sich nach Hause ein. Das ist schön und bringt sicher einiges fürs Klima. Meiner Erfahrung nach ist es aber nicht unbedingt nötig, so viel von sich zu geben – auch finanziell. Eine gute Atmosphäre ist auch kostenfrei zu haben. Zwar schätzen Mitarbeiter es erfahrungsgemäß zunächst, wenn sie mit Sachwerten beschenkt werden. Schnell jedoch entwickeln viele eine Anspruchshaltung („Chef, im letzten Jahr gab's aber …"), was dann beim engagierten Vorgesetzten zu verständlicher Enttäuschung führt. Diese Frustration können Sie sich ersparen und stattdessen kostenlose Wege zur Klimaverbesserung bevorzugen.

Kostenlose Klimaverbesserung

Neben dem Umgangston und der weitestmöglichen Gleichbehandlung aller trägt es zur guten Atmosphäre bei, als Chef auch einmal selbst den Kaffee einzuschenken oder ähnliche Höflichkeitsgesten zu zeigen. Eine Führungskraft, die am Klima in ihrem Team interessiert ist, sollte alle Mitarbeiter gleichzeitig informieren, sobald die Informationen alle betreffen. Sich im Hintertreffen zu fühlen, was den Informationsfluss angeht, kann sehr kränkend sein. Gute Führung ist immer auch emotionale Führung. Ein Chef mit Pokerface wird selten für ein gutes Klima sorgen (siehe Kapitel 4). Und natürlich können Sie Humor als Klimaverbesserer einsetzen. Während früher galt „Wo gelacht wird, wird nicht gearbeitet", hat sich inzwischen herumgesprochen, dass gemeinsames Lachen Kreativitätsreserven freisetzt und die Zusammenarbeit erleichtert. Dazu braucht es keine Bierzeltatmosphäre mit Schenkelklopfern und vor allem keine auswendig gelernten Witze, sondern eine humorvolle Betrachtung des alltäglichen Wahnsinns. Der liefert genug Stoff für spaßige Kommentare. Wo man nicht alles bierernst nimmt, ist auch die Bereitschaft größer, Fehler einzugestehen, statt sie zu vertuschen. Manche Vorgesetzte fühlen sich ausgeschlossen und reagieren verärgert oder misstrauisch, wenn sie ihre Mitarbeiterinnen und Mitarbeiter in einem Gespräch lachen sehen. Am besten reagieren Sie stattdessen mit einem lächelnden Nicken, zumindest, solange die Beteiligten irgendwann ein Ende finden und zur Arbeit zurückkehren.

Checkliste:
Sind Sie ein Klimaverbesserer oder ein Klimavergifter?
- Kommen Sie morgens meistens gut gelaunt zur Arbeit, oder sind Sie überwiegend grummelig oder emotionslos?
- Kochen Sie ab und zu den Kaffee für Ihre Mitarbeiter, oder finden Sie, dass Sie solche Tätigkeiten nicht nötig haben?
- Gibt es in Ihrem Team Mitarbeiter, mit denen Sie deutlich weniger oder deutlich mehr sprechen als mit anderen?
- Bemühen Sie sich um einen höflichen und respektvollen Umgangston, oder halten Sie Bitte und Danke für Zeitverschwendung?
- Wissen Sie Humor am Arbeitsplatz zu schätzen, oder werden Sie schon einmal ärgerlich, wenn Sie Ihre Mitarbeiter in einem Gespräch lachen sehen?

Bei manchen Menschen gehört schlechte Stimmung fast schon zur Persönlichkeit. Solche Mitarbeiter können die Atmosphäre im Team vergiften. Das sieht dann etwa so aus:

Umgang mit Miesmachern

Ilse Berger, Mitarbeiterin in einem Großraumbüro, begrüßt die Kolleginnen allmorgendlich mit den Worten: „Na, ob die EDV wohl heute ausnahmsweise funktioniert?!" Dann lässt sie sich schwer wie ein Sack in ihren Bürostuhl plumpsen und fährt den Rechner hoch, während sie den beiden direkten Nachbarinnen laut klagend erzählt: „Also, heute früh bin ich ja gaaar nicht aus dem Bett gekommen, heute hab ich einfach keine Lust auf Arbeit, und bis zum Urlaub ist es noch soooo weit hin!" Die Vormittage verbringt sie gern damit, Gerüchte über die nächste Umstrukturierung unters Volk zu bringen. In den fürchterlichsten Farben malt sie die schrecklichsten Szenarien aus und lenkt die Kolleginnen damit von der Arbeit ab.

Eines Tages hat ihr Vorgesetzter die Nase voll und bittet sie unter vier Augen, die negativen Gedanken für sich zu behalten. Er macht Frau Berger vorsichtig klar, dass sie mit ihrer schlechten Stimmung die anderen ansteckt. Die Reaktion von Ilse Berger überrascht ihn: Sie fällt aus allen Wolken und mag es nicht glauben. Ihr ist die Wirkung ihres Verhaltens auf die Kolleginnen bis dahin gar nicht bewusst gewesen. Sofort erkundigt sie sich, leicht beleidigt spielend, bei zwei Kolleginnen, ob sie die Wahrnehmung des Teamleiters teilen. Die beiden fassen sich ein Herz und bestätigen dies lachend. Daraufhin vereinbart das gesamte Team scherzhafte Stopp-Codes, mit denen sie Frau Berger spielerisch am Nörgeln hindern: Sie zeigen ihr eine gelbe Karte mit einem Smiley darauf.

Zum Glück hat der Teamleiter in diesem Fall frühzeitig und mutig das Gespräch gesucht. Hätte er länger gewartet, dann hätte sich bei ihm Ärger aufgestaut, und den hätte er vermutlich eines Tages unangemessen hart artikuliert. Womöglich hätte er gleich mit einer Abmahnung wegen Störung des Betriebsfriedens gedroht. Nur das frühzeitige Ansprechen ermöglichte eine spielerisch-humorvolle Lösung, die die Mitarbeiterin nicht als verletzend empfand. Der Chef von Frau Berger hat alles richtig gemacht. Eine Führungskraft sollte es nicht dulden, dass Mitarbeiter das Arbeitsklima ruinieren. Je früher sie einschreitet, desto größer sind die Erfolgsaussichten.

Im Sinne des Arbeitsfriedens dürfen (und müssen) Sie klimavergiftendes Verhalten untersagen. Manchmal ist den Nörglern die Problematik gar nicht bewusst. Gehen Sie umsichtig vor.

Ein Wort zu Lästereien   Über die Toten soll man nur Gutes reden, heißt es im Sprichwort. Ich würde diesen Spruch gern auch für die Lebenden gelten lassen. Lästern ist heute weit verbreitet. Auch seriöse Zeitschriften wie *Psychologie heute* beschwören den positiven Wert von Klatsch und

Gerüchten, weil sie ein Gruppengefühl konstituierten und Sicherheit gäben. Aber Sie als Führungskraft machen sich und anderen mehr Freu(n)de, wenn Sie allenfalls über die Vorzüge Dritter reden. Mit jeder Lästerei macht man die Welt ein kleines Stückchen schlechter. Niemand kann sich wohl vollkommen davon freisprechen, schon einmal Spaß gehabt zu haben am Reden über Abwesende, aber wenn es Ihnen ernst ist mit einem positiven Betriebsklima, werden Sie sicher auch diesen Punkt reflektieren.

Beteiligen Sie sich nicht am Verbreiten von Gerüchten und geben Sie in Klatschrunden deutlich zu verstehen, dass Sie davon nichts halten. Untersagen Sie im eigenen Verantwortungsbereich Lästereien streng – bringen Sie ernsthaft die eigene Empörung zum Ausdruck, dulden Sie nicht, dass in Ihrem Team abwertend übereinander geredet wird. Zeigen Sie Flagge! Das ist hier das A und O.

Auch wenn die Zeiten für Outdoor-Schulungen vorüber sind und Knotenspiele und Blindenführungen bei Inhouse-Seminaren ihre besten Zeiten hinter sich haben – Veranstaltungen für das Team können eine Unterstützung für Sie als Führungskraft sein und das Betriebsklima verbessern, und zwar vor allem in zwei Fällen: Sinnvoll sind solche Maßnahmen einerseits, wenn zwei bislang getrennte Gruppen zu einem Team zusammengefasst werden sollen. Dann handelt es sich um eine Teambildungsmaßnahme. Zweitens kann Ihr Team von einer Veranstaltung profitieren, wenn es gespalten ist und Sie Anzeichen dafür festgestellt haben, dass die Gruppen sich nicht untereinander verständigen. Sobald die Kommunikation zwischen Teilteams gestört ist, spielen menschliche Befindlichkeiten eine Rolle. Manchmal ist es einfacher – auch für Sie als Führungskraft –, den Konflikt nicht zu thematisieren, sondern sofort zu lösen, indem die Teammitglieder lernen, wieder miteinander zu kommunizieren. Spiele, die den Zusammenhalt fördern und bei denen man Leute aus dem jeweils anderem Subteam als wertvolle Kollegen erleben kann, können bei einer Teamentwicklungsmaßnahme eine gute Hilfe sein – sofern diese von professionellen Trainern geleitet wird. Bitte versuchen Sie sich nicht selbst aus Kostengründen an Pfadfinderspielen. Ihre Mitarbeiterinnen und Mitarbeiter sind keine Jugendgruppe. Und Sie sind Teil des Systems. Aus einem System heraus kann jedoch niemals eine Störung behoben

Keine Angst vor Teamentwicklungsmaßnahmen

werden. Dazu bedarf es einer externen Instanz. Erfahrene Seminarleiter können diesen Prozess vorsichtig steuern und behutsam flankieren. Übrigens, es kann sein, dass Sie und das Team nach der letzten Übung zu dem Schluss kommen, dass das Trainergespann unmöglich war. Das kann eine Gruppe ganz schön zusammenschweißen, die Trainer hätten in dem Fall also gute Arbeit geleistet.

Warum Sie auch in Sachen Stimmung bei sich beginnen sollten

„Wie der Herr, so's Gescherr" – die Quintessenz dieses Sprichworts ist Ihnen in diesem Buch schon häufiger begegnet: Sie sind Vorbild – bei allem, was Sie tun, und bei allem, was Sie lassen. Das gilt fürs Zigaretterauchen genauso wie für Bewegungsübungen und Pünktlichkeit. Und es gilt eben auch für die Stimmung. Kein Mensch wacht jeden Morgen gut gelaunt auf. Und das Folgende soll keineswegs ein Plädoyer dafür sein, stimmungsaufhellende Johanniskrautdragees einzunehmen. Authentisch sein, sich nicht verbiegen und die Persönlichkeit als das beste Werkzeug einer Führungskraft nutzen, so lauten die Empfehlungen dieses Buches. Aber auch für die Stimmung gilt: Ein bisschen können Sie selbst dafür tun. Fragen Sie sich täglich, was Sie lächeln lässt, denn Ihre Stimmung ist durchaus beeinflussbar. Wir sind nicht nur Opfer unseres Hormonhaushaltes.

Gute-Laune-Tipp Lächeln

Schon in den Vierzigerjahren fanden zwei Forscher heraus, dass das willkürliche Heben der Mundwinkel einen stimmungsverbessernden Effekt hat. Lächeln muss also nicht echt sein, um für gute Laune zu sorgen. Stellen Sie sich einfach vor den Spiegel oder in eine stille Ecke und ziehen Sie die Mundwinkel hoch. Zwei Minuten reichen, und Sie werden spüren, wie sich Ihre Laune zumindest kurzzeitig bessert. Natürlich empfiehlt sich dies nicht im Umgang mit anderen Menschen, da sollte das Lächeln echt sein. Die Grimasse ist nur für Momente geeignet, in denen andere Sie nicht sehen.

Eine ähnliche Übung verbessert die Laune durch eine Veränderung der Körperhaltung. Sicher ist Ihnen auch schon einmal aufgefallen, dass man es an der Haltung erkennen kann, wenn ein Kollege missgestimmt ist. Entweder er ist angespannt bis unter die Haarspitzen oder die Haltung ist spannungslos. Dabei hängen die Schultern schlapp nach unten, der Kopf hängt müde zwischen den Schultern, die Hände reichen bis zu den Knien, jegliche Körperspannung fehlt. Die Körpersprache verrät, was in diesem Menschen vorgeht. In einem solchen Fall kann es helfen, die Körperhaltung zu verändern und sich ganz bewusst aufzurichten. Strecken Sie den Nacken, als wäre am Scheitel ein Faden, der Sie nach oben zieht, dadurch werden gleichzeitig der Oberkörper und das Becken aufgerichtet, und der Atem hat wieder mehr Platz zum Fließen. Das Schöne ist: Wenn sich der Körper aufrichtet, verbessert sich auch die Stimmung. Man kann einfach nicht aufrecht mit herausgestreckter Brust dastehen und gleichzeitig denken: Mensch, was ist das Leben doch fürchterlich. Natürlich ist dieser Trick nicht geeignet, wenn Sie ein handfestes Problem haben. Aber wenn Sie mit dem falschen Fuß zuerst aufgestanden sind und die miese Laune nicht in Ihr Team hineintragen wollen (Ansteckungsgefahr!), dann leistet der Tipp wertvolle Dienste.

Gute-Laune-Tipp Körperhaltung

> **Kompakt**
>
> **Tipps, wie Sie zu einem positiven Arbeitsklima beitragen können**
>
> - Pflegen Sie emotional positiv gefärbten Kontakt zu allen Mitarbeitern – nicht nur zu denen, die Ihrem Herzen nahe stehen.
> - Unterbinden Sie Miesmacherei. Das ist eine Führungsaufgabe.
> - Seien Sie Vorbild, auch in Sachen Stimmung. Ihre Körperhaltung ist beredt. Achten Sie darauf.

7 Wie Sie psychische Belastungen Ihrer Mitarbeiter puffern

Reiner Gutmann ist in einer schwierigen Lage: Das Unternehmen, in dem er seit vielen Jahren als Abteilungsleiter einer Niederlassung arbeitet, wurde umstrukturiert. Etliche Stellen wurden gestrichen, und die verbliebenen Mitarbeiter müssen nun Zusatzaufgaben übernehmen. Zudem hat er auch einen neuen Chef bekommen. Der neue Niederlassungsleiter will offenbar hoch hinaus. Er hat die Zielvorgaben für die Abteilung von Herrn Gutmann drastisch erhöht.
Damit ist der Druck auf den Schultern von Reiner Gutmann enorm gewachsen. Er will seinen neuen Vorgesetzten keinesfalls enttäuschen, fühlt sich aber auch seinen Mitarbeitern verpflichtet. Herr Gutmann findet, dass seine Leute bereits an der Leistungsgrenze arbeiten. Er macht sich ernste Sorgen, dass einige dem Druck nicht standhalten könnten, wenn er nun, wo ohnehin alle verunsichert sind, das Arbeitspensum weiter erhöhen muss. Er fragt sich, was er machen soll.

Die Situation ist typisch für Führungskräfte im mittleren Management, also in der Sandwich-Position zwischen dem höheren Management und den Mitarbeitern. Nach oben wollen sie die vorgegebenen Anforderungen erfüllen, gleichzeitig fühlen sie sich den Mitarbeitern verantwortlich und wollen die Belastungen nicht unnötig erhöhen. Psychische Belastungen und Stress möchte ich hier aus Gründen der besseren Verständlichkeit gleichsetzen, auch wenn Stress streng genommen nur eine von mehreren möglichen Folgen psychischer Belastungen ist.

Psychische Belastungen nehmen zu

Während körperliche Belastungen in der Arbeitswelt stark an Bedeutung verloren haben, nehmen psychische deutlich zu – mit Folgen für die Gesundheit der Arbeitskräfte (siehe Kapitel 2). Beim Thema Prävention sind nicht zuletzt die Vorgesetzten gefordert.

Was also können Sie als Führungskraft tun, wenn Sie selbst unter Druck stehen, aber Ihre Mitarbeiter nicht in einen kollektiven „Herzkasper" hineintreiben möchten, indem Sie den Druck einfach weitergeben?

Soziale Unterstützung vermindert den Druck

Als Vorgesetzter können Sie für Ihre Mitarbeiter ebenso ein Stress-Verstärker wie ein Stress-Puffer sein. Nur sehr selten dagegen können Sie als Stress-Reduzierer wirken, denn an den Belastungen als solchen können Sie meist nichts ändern. Das klingt vielleicht zunächst enttäuschend, entspricht aber den Tatsachen. Ihre Ziele sind Ihnen von außen, nämlich von Ihrem Chef oder Ihren Kunden, vorgegeben. Das heißt, Sie müssen innerhalb einer bestimmten Zeit mit Ihrem Team bestimmte Leistungen erbringen. Zwar können Sie vorübergehend einen einzelnen Mitarbeiter entlasten, etwa nach einem Trauerfall in dessen Familie oder nach einer Scheidung, die den Mitarbeiter stark mitnimmt. Die daraus resultierende Mehrbelastung für die anderen Beschäftigten können Sie aber nicht auf Dauer verantworten. Der Grad der Belastung an sich liegt kaum in Ihrer Hand.

Aber etwas Entscheidendes können Sie dennoch tun: Sie können die Wirkung dieser Belastungen puffern! Sie können die Belastungsintensität, also das Erleben der Belastungsschwere, bei den Mitarbeitern dämpfen, indem Sie ihnen so genannte soziale Unterstützung geben. Soziale Unterstützung ist der Oberbegriff für ein Führungsverhalten, das die Mitarbeiter nicht nur in ihrer funktionalen Rolle, sondern als Menschen in den Blick nimmt. Dazu gehören insbesondere die folgenden Aspekte:

Belastungen puffern

- **Ansprechbar-Sein.** Ihre Mitarbeiter dürfen zu Ihnen kommen, wenn es brenzlig wird, statt dass Sie sich gerade in Stress-Situationen hinter Ihrem Schreibtisch oder Ihrer Bürotür verschanzen.
- **Rücken-Stärken.** Sie stellen sich demonstrativ hinter einen Mitarbeiter, statt ihn vor versammelter Mannschaft bloßzustellen.

- **Fehler-Erlauben.** Sie geben Ihren Mitarbeitern die Sicherheit, auch einmal einen Fehler machen zu dürfen und nicht fürchten müssen, dass ihnen der Kopf abgerissen wird.

Wenn Ihre Leute wissen, dass sie auch bei Belastungen zu Ihnen kommen können, dass Sie auch und gerade dann für sie da sind, dann reduziert das ihr Belastungsempfinden deutlich. Die Wirkung solcher kleiner Verhaltensweisen sollten Sie keinesfalls unterschätzen.

> **Hintergrund**
> Etliche Studien zur sozialen Unterstützung belegen, dass sich mit diesem Führungsverhalten beispielsweise die Häufigkeit psychosomatischer Erkrankungen deutlich reduzieren lässt. Zur Erklärung: Psychosomatische Erkrankungen sind solche, bei denen der Arzt keine organische Ursache finden kann. In der Regel werden Stress beziehungsweise psychische Belastungen als wesentlich für die Entstehung dieser – tatsächlichen, nicht simulierten – Erkrankungen angesehen. Man kann deshalb sagen: Soziale Unterstützung dient als Puffer zwischen Belastungen und deren gesundheitlichen Folgeschäden.

Um Missverständnissen vorzubeugen: Soziale Unterstützung bedeutet keineswegs, dass Sie Ihren Mitarbeitern das Signal geben: Wann immer es euch zu viel wird, kommt zu mir und ich nehme euch die Arbeit ab. Gemeint ist vielmehr, dass Sie ansprechbar sind. Dies bedeutet, ein offenes Ohr zu haben („Bei dem kann man sich mal ausjammern"), hinter Ihren Leuten zu stehen („Der verteidigt einen auch nach oben oder nach außen") und zu wissen, dass Fehler zur menschlichen Natur gehören („Bei dem muss ich es nicht verstecken, wenn mal was schiefgelaufen ist").

- An den Belastungen Ihrer Mitarbeiter können Sie meist nicht viel ändern. Aber Sie können die Schwere des Belastungsempfindens puffern, indem Sie ihnen soziale Unterstützung geben und so das Gefühl vermitteln: Mein Chef ist für mich da und steht zu mir.

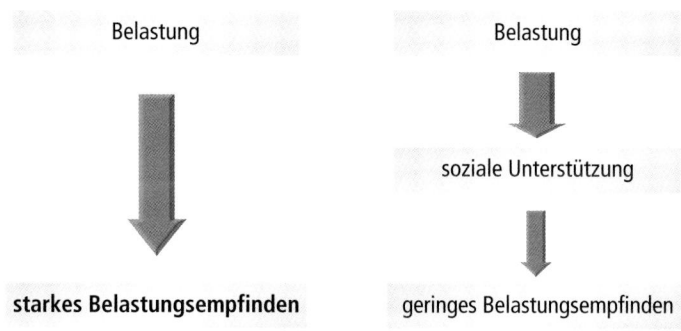

Abb. 7.1: Soziale Unterstützung (rechts) puffert Belastungen, die sonst ungemindert auf Ihre Mitarbeiter einwirken (links)

Soziale Unterstützung stärkt nach einer Untersuchung der BKK an über 12.000 Versicherten auch das Selbstwertgefühl des Mitarbeiters. Der Vorteil für Sie als Führungskraft liegt auf der Hand: Ihre Leute werden sich mehr zutrauen. Wer sich nichts zutraut, packt auch nichts an. Er sichert sich vielmehr bei jedem noch so kleinen Schrittchen bei seinem Vorgesetzten – also bei Ihnen – ab. Das kostet Zeit und Nerven. Wenn Sie soziale Unterstützung geben, können Sie die dafür aufgewendete Zeit unter Umständen an anderer Stelle einsparen.

Selbstwertgefühl stärken

Wie kann soziale Unterstützung nun in der Praxis konkret aussehen? Nachdem er in einem Coaching die Schritte zur Lösung seines Problems erkannt hat, setzt Reiner Gutmann verschiedene Einzelmaßnahmen um:

Zusätzlich zur morgendlichen Begrüßungsrunde kann jeder Mitarbeiter ab sofort auch in der Stunde nach der Mittagspause (meist zwischen 14 und 15 Uhr) mit Reiner Gutmann ins Gespräch kommen. Während dieser Zeit steht seine Tür offen. Falls ihm einmal ein wichtiger Termin dazwischenkommt, gibt er per E-Mail die nächste „Stunde der offenen Tür" bekannt. Auf der nächsten Abteilungssitzung erklärt Reiner Gutmann: „Ich verlange von niemandem, dass er die neuen Aufgaben, etwa das neue EDV-Programm, auf Anhieb fehlerfrei beherrscht. Ich gebe Ihnen allen die Zeit, sich in die neuen Gebiete in Ruhe einzuar-

beiten. *Nehmen Sie sich diese Zeit, damit nach diesen ersten zwei Wochen der Betrieb wieder reibungslos läuft. Und selbst wenn da am Anfang einige Stornos mehr auftreten als sonst: Keine Angst, das ist normal. Und das werde ich auch nach oben so verkaufen!"*

Reiner Gutmann weiß, dass Veränderungen Zeit brauchen und mit einem vorübergehenden Leistungsabfall einhergehen. Er signalisiert seinen Mitarbeitern deutlich Verständnis. Tatsächlich wirbt er in der folgenden Abteilungsleiterrunde um Verständnis für sein Team. Er stellt sich vor seine Leute und gewinnt damit sogar die Hochachtung des Niederlassungsleiters, der ihn bis dahin eher für einen Menschen mit wenig Rückgrat gehalten hat.

Wie das Beispiel zeigt, lassen sich Ansprechbar-Sein, Rücken-Stärken und Fehler-Erlauben mit kleinen, aber wirkungsvollen Schritten umsetzen.

So werden Sie zum Blutdrucksenker

Dieses Kapitel könnte die Überschrift tragen „Herzenswärme statt Herzkasper". Sie können nämlich nicht nur auf der psychischen, sondern auch auf der körperlichen Ebene dem Herzen Ihrer Mitarbeiter etwas Gutes tun – und damit letztlich Ihren eigenen Stress reduzieren. Genauso wie Sie den Blutdruck anderer in die Höhe treiben können, indem Sie sie kränken, lautstark kritisieren oder auch nur unfreundlich und unwirsch dreinblicken, können Sie den Blutdruck Ihres Gegenübers – und Ihren eigenen – senken. Jedes Lächeln, jedes freundliche Wort und jedes Lob führen dazu, dass Ihre Mitarbeiter auf der vegetativen Ebene entspannen. Die Muskulatur lockert sich, das Herz schlägt langsamer und gleichmäßiger, der Blutdruck sinkt. Etwas plakativ ausgedrückt: Sie wirken als Blutdrucksenker.

Stress nicht verstärken Sie dürfen auch bescheidener beginnen, zumal Ihnen sicher nicht immer nach Lächeln zumute ist, Sie wollen sich ja nicht verstellen. In erster Linie sollte Ihr Ehrgeiz dahin gehen, die Anspannung Ihrer Mitarbeiter nicht unnötig zu erhöhen. Wenn Sie das schaffen, ist schon viel gewonnen. Das heißt zum Beispiel, dass Sie Zeitdruck möglichst vermeiden. Dabei sollten Sie wie so oft bei sich selbst anfangen. Lassen Sie sich nicht aus der Ruhe bringen. Wie Sie das schaffen, lesen Sie in Kapitel 11. Wenn diese Basis stimmt, Sie selbst in sich ruhen, dann können Sie Ihren Aufmerksamkeitsscheinwerfer leichter auf das Wohlergehen Ihrer Mitarbeiter richten.

Sobald Sie beobachten, dass ein Mitarbeiter Belastungssymptome zeigt und deshalb Fehler macht, signalisieren Sie ihm am besten zunächst mit Ihrer Stimme, dass er seine Arbeit lieber ruhig erledigen sollte. Schon ein einziger langsam und mit tiefer, leiser Stimme gesprochener Satz wie „Immer mit der Ruhe" kann blutdrucksenkend wirken. Je nachdem, was für Typen Sie und Ihr Mitarbeiter sind, kann es auch hilfreich sein, ihm oder ihr (als Mann bei Frauen eher mit Vorsicht!) kurz die Hand auf die Schulter zu legen. Ob das angemessen ist oder den Stress eher verschärft, wird Ihnen Ihr Bauchgefühl mit großer Sicherheit sagen. Dazu kann ein Buch keinen eindeutigen Rat geben, denn dafür sind Menschen zu verschieden. Verlassen Sie sich auf Ihr Gefühl.

Woran können Sie erkennen, dass ein Mitarbeiter belastet ist? Es gibt drei verschiedene Kategorien von Symptomen, auf die Sie achten sollten: Veränderungen im Aussehen, im Kontakt und im Leistungsverhalten. Wenn Sie diese anhand der folgenden Checkliste in Gedanken durchgehen, wird es Ihnen leichter fallen, auffällige Veränderungen zu entdecken. **Symptome wahrnehmen**

Checkliste: So erkennen Sie Belastungssymptome
Der Mitarbeiter zeigt Veränderungen im Aussehen wie:
- einen roten Kopf oder Blässe (ja nachdem, was für ihn ungewöhnlich ist),
- hektische rote Flecken,
- Schweißperlen auf der Stirn, schwitzige Hände,
- hängende Schultern, gebückte Haltung oder ständige Anspannung (z. B. presst er die Zähne aufeinander, macht eine Faust),
- laute, schnelle, flache Atmung,
- ständiges „Wibbeln" mit dem Fuß.

Der Mitarbeiter zeigt Veränderungen im Kontakt wie:
- Rückzug in den Pausen (auch: häufige WC-Gänge), Allein-Sein-Wollen, kein Mitmachen bei Betriebsfeiern,
- aggressiveres Auftreten als gewohnt,

- stilleres Auftreten als sonst (er meldet sich nicht mehr zu Wort),
- ungewohnt ironisches Verhalten, Sticheln, bissige Bemerkungen,
- mehr Kaffee- oder Tabakgenuss, Heißhunger (oder er isst nichts mehr),
- gedankliche Abwesenheit, Nervosität, mangelnde Zuhörbereitschaft,
- Verwahrlosung (mangelnde Körperhygiene).

Der Mitarbeiter zeigt Veränderungen im Leistungsverhalten wie:
- Zunahme an Flüchtigkeitsfehlern,
- langsameres Arbeiten, auch bei Erledigung bekannter Inhalte,
- hektisches ungeordnetes Arbeitsverhalten (zittrige Mausbewegungen, Dateien auf- und wieder zuklicken, verschiedene Vorgänge gleichzeitig in die Hand nehmen und wieder weglegen),
- Stöhnen schon bei der Auftragsvergabe („Das schaff ich nie!"), Selbstzweifel,
- ständiges Absichern, ob das Vorgehen so richtig ist.

Vielleicht fragen Sie sich, was Sie mit Ihren Beobachtungen anfangen sollen. Angenommen, Sie haben festgestellt, dass ein Mitarbeiter ein für ihn ungewöhnliches Symptom zeigt, zum Beispiel ist er seltsam angespannt und hatte in den letzten Tagen häufiger einen roten Kopf, während er ansonsten eher blass ist. Dass Ihnen das überhaupt auffällt, ist schon einmal anerkennenswert: Es setzt nämlich voraus, dass Sie auch sonst häufig mit Ihrem Augenmerk bei Ihren Mitarbeitern sind – andernfalls hätten Sie die Veränderung gar nicht bemerkt.

Herzklopfen ist normal

Vermutlich haben Sie ein bisschen Herzklopfen, bevor Sie den Menschen vor Ihnen auf Ihre Beobachtung ansprechen. Sie befürchten vielleicht, das Thema sei zu intim oder der Mitarbeiter könnte aggressiv-abwehrend reagieren und Ihre Fürsorge missverstehen. Ganz sicher sind Sie sich Ihrer Beobachtungen vielleicht auch nicht. Trotzdem sollten Sie den Mitarbeiter unbedingt ansprechen, um sich selbst zu beruhigen und um ihm zu zeigen, dass Sie sich kümmern.

> **Suchen Sie das Gespräch mit einem Mitarbeiter, bei dem Sie Belastungssymptome feststellen – und zwar so, dass Sie vor allem Herzenswärme und Fürsorge zum Ausdruck bringen.**

Suchen Sie das achtsame Gespräch mit Ihren Mitarbeitern

Ins Gespräch kommen Sie zum Beispiel, indem Sie – und zwar unbedingt unter vier Augen! – möglichst wertfrei beschreiben, was Ihnen aufgefallen ist. Etwa so: „Hallo Frau Schmidtke, ich sehe gerade, Sie sind so blass um die Nase, das kenne ich sonst gar nicht von Ihnen." Oder: „Herr Klein, seit zwei Wochen fallen mir bei Ihren Aufgaben Flüchtigkeitsfehler auf – das bin ich gar nicht gewohnt von Ihnen."

Und dann fragen Sie ganz direkt: „Was ist los?" Fragen Sie bitte nicht „Ist irgendwas?" oder gar „Haben Sie ein Problem?", denn diese „geschlossenen" Fragen sind immer eine Einladung zum „Nein". Außerdem: Wer hat schon gern ein Problem, zumal seinem Chef gegenüber? Dagegen ermöglicht die offene Frage „Was ist los?" dem Mitarbeiter, so viel oder so wenig zu erzählen, wie er möchte. Denn los sein kann etwas mit ihm, mit Ihnen, mit dem Unternehmen oder mit der Schwiegermutter zu Hause. Die Frage ist sehr defensiv und sei daher – ausnahmsweise – wörtlich zur Nachahmung empfohlen. Falls Sie keine Antwort erhalten oder der Mitarbeiter Ihnen versichert, dass ihm nichts fehle oder dass nichts los sei, seien Sie bitte nicht frustriert oder gar beleidigt. Ihr Signal „ich sehe dich und du bist mir nicht egal" ist dennoch angekommen und wirkt positiv.

„Was ist los?"

Im nächsten Schritt sollten Sie Ihre Sorgen ausdrücken. Sagen Sie etwa: „Ich habe mir da ein bisschen Sorgen gemacht!" – Falls Sie vorher ein „Nein, da ist nichts!" geerntet haben, können Sie jetzt lächelnd hinzufügen: „Aber wenn Sie sagen, ich brauche mir keine Sorgen zu machen, umso besser! Also dann: Frohes Schaffen!" oder Ähnliches. Wichtig ist, dass Sie deutlich machen: Es geht Ihnen nicht um das bloße Abfragen von Arbeitserschwernissen oder um die Absicherung, dass der Mitarbeiter keinen Grund zur Klage hat, sondern darum, Ihre Aufmerksamkeit und Ihr Interesse am Menschen zum Ausdruck zu bringen.

Deshalb ist das Gespräch auch dann sinnvoll, wenn Sie einmal danebenliegen sollten. Besser, Sie drücken zweimal zu häufig Ihre

Aufmerksamkeit aus als einmal zu wenig. Das soll nun nicht heißen, dass Sie Ihren Leuten hinterherrennen, aber schon, dass Sie jedem (nicht nur Ihren Lieblingen) ein Gesprächsangebot machen, sobald Sie eine Veränderung an ihm bemerkt haben.

„Wie kann ich unterstützen?" Lassen Sie im Gespräch immer auch Ihre Fürsorgebereitschaft erkennen. Verzichten Sie dabei aber auf das so geläufige „Wie kann ich Ihnen helfen?" und ersetzen Sie es besser durch die Frage „Wie kann ich Sie unterstützen?". Das Wort „unterstützen" suggeriert: „Sie tun selbst etwas! Und bei dem, was Sie tun, bekommen Sie nun von mir ein bisschen dazu!" Demgegenüber heißt „helfen", dass es einen Helfer und einen Hilflosen gibt. Damit aber der Mitarbeiter selbst aktiv wird, darf er sich nicht auf Hilfe von anderen angewiesen fühlen.

Pause aushalten Ganz wichtig: Warten Sie jetzt ab. Füllen Sie, falls nicht sofort ein Vorschlag kommt, die Gesprächspause nicht mit eigenen Ideen. Ihr Mitarbeiter ist es wahrscheinlich gewohnt, dass Sie als Führungskraft öfter eine Frage stellen und dann, sobald nicht wie aus der Pistole geschossen eine Antwort kommt, selbst antworten. Das ist nicht grundsätzlich schlimm. Schließlich sind Sie Führungskraft geworden, gerade weil Sie ein „Macher" sind. Aber in diesem Gespräch, das den Mitarbeiter zu eigenem Tun motivieren soll (etwa zum Aufsuchen der Sozialberatung oder des Betriebsarztes, vielleicht auch einfach zum Schichtwechsel oder zu einer anderen Büroaufteilung), ist es wichtig, dass Sie die Gesprächspause aushalten – mindestens 120 Sekunden! Das ist sehr, sehr lang. Wenn Sie sich 120 Sekunden vornehmen, schaffen Sie vielleicht 60. Das wäre schon prima.

Tappen Sie nicht in die Falle, Ihre Frage mit anderen Worten zu wiederholen, sobald Sie das Schweigen des Mitarbeiters als unangenehm empfinden. Verkneifen Sie sich also Sätze wie: „Ich hab mir gedacht, es ist ja sinnvoller, wenn Sie selber sagen, was Sie für Ideen haben, als wenn ich Ihnen jetzt meine Vorschläge präsentiere. Also, was meinen Sie? Was brauchen Sie?" Am Ende haben Sie vielleicht sechsmal zehn Sekunden gewartet, aber das ist nicht dasselbe wie wirklich eine Minute zu schweigen. Es ist ganz wichtig, dass die Vorschläge von Ihrem Mitarbeiter kommen. Denn selbst wenn das

Ergebnis dasselbe ist (Hauptsache, er geht zum Betriebsarzt), ist es für die Motivation und die Veränderungsbereitschaft des Mitarbeiters von entscheidender Bedeutung, die Idee selbst formuliert zu haben. Einen Gedanken, den wir selbst entwickelt haben, werden wir mit viel mehr Herzblut umsetzen als die Idee eines anderen – das kennen Sie sicherlich auch von sich selbst oder von Ihren Kindern.

Sobald Ihr Mitarbeiter Vorschläge äußert, sollten Sie diese nach Möglichkeit unterstützen. Falls wirklich gar keine Ideen von ihm kommen, dürfen Sie jetzt Ihre eigenen Vorschläge unterbreiten. Holen Sie dann aber unbedingt die Zustimmung Ihres Mitarbeiters ein, indem Sie zum Beispiel fragen, worin er selbst die Vorteile der Lösung sieht („Was versprechen Sie sich von einem Besuch beim Betriebsarzt?"; „Inwiefern wäre es für Sie hilfreich, wenn Sie mit anderen Kollegen das Büro teilen?"). Entlassen Sie Ihren Mitarbeiter mit einem festen Händedruck, den Sie mit einem aufmerksamen, freundlichen Blickkontakt begleiten, um so den Verpflichtungscharakter des Gesprächs zu besiegeln.

Gerade bei psychischen Belastungen ist auch Folgendes ganz wichtig: Erinnern Sie Ihre Mitarbeiter an Erfolge der Vergangenheit. Das ist entscheidend, denn wenn Menschen unter Stress stehen, reduzieren sich ihr Selbstwertgefühl und ihr Selbstvertrauen. Sobald sie dagegen denken „Das kriege ich schon hin, neulich hat's ja auch geklappt!", trauen sie sich auch die aktuelle Herausforderung zu. Kennzeichnend für das Erleben von Stress sind immer Gedanken wie „ich kann das nicht", „ich schaff' das nicht", „die anderen sind viel besser", „das ist mir alles viel zu viel" usw. In solchen Momenten erinnern wir uns leider nicht automatisch daran, dass wir ähnliche Situationen schon einmal mit Bravour gemeistert haben. Wir sind blockiert. Sobald wir uns aber an unsere Erfolge erinnern, ist der Stress gleich viel geringer. Deshalb gibt es kaum etwas Besseres, als wenn Sie Ihre Mitarbeiter angesichts von offensichtlichem Belastungsempfinden an Erfolge der Vergangenheit erinnern. Das können Erfolge sein, die jemand allein zustande gebracht hat („Sie haben doch neulich den Auftrag X übernommen – wissen Sie noch, wie Sie sich da zu Anfang gefühlt haben? Und hinterher wurde das Ganze ein Riesenerfolg!"), oder auch Erfolge, die Ihre gesamte

An Erfolge erinnern

Abteilung errungen hat („Letztes Jahr haben wir das Weihnachtsgeschäft auch hinbekommen – und zwar glänzend!").

Geben Sie dem Mitarbeiter ausreichend Zeit, damit er sich diese Erlebnisse und die guten Gefühle wirklich in Erinnerung rufen kann. Wenn Sie ihn dann aufmunternd anlächeln und sich ein zustimmendes Lächeln von seiner Seite abholen, können Sie sicher sein, das Zutrauen gestärkt zu haben. Und das wird dann wiederum auch Ihnen selbst gut tun.

Geben Sie Ihren Mitarbeitern den Rhythmus vor

Vorbild beim Bewegen

Der beste Ratschlag kann nie so gut sein wie vorbildliches Verhalten. Deshalb: Leben Sie Ihren Mitarbeitern vor, dass Ihnen die Gesundheit von Psyche und Körper am Herzen liegen. Geben Sie Ihrem Arbeitstag einen gesunden Rhythmus, machen Sie ausreichend Pausen, sorgen Sie für Bewegung – und ermutigen Sie Ihre Mitarbeiter, es Ihnen gleichzutun (siehe Kapitel 3). Das fängt mit Kleinigkeiten an, die wenig Aufwand kosten. Machen Sie zum Beispiel regelmäßig Bewegungsübungen am Arbeitsplatz. Und sorgen Sie dafür, dass Sie dabei auch gesehen werden. Seien Sie Vorbild, was Schulterkreisen und ähnliche Übungen angeht.

Jetzt fragen Sie sich vielleicht, wie Sie durch Schulterkreisen dazu beitragen können, psychische Belastungen Ihrer Mitarbeiter zu puffern, zumal Bewegungsübungen doch eher auf der körperlichen als auf der psychischen Ebene ansetzen. Die Antwort ist ganz einfach: Erstens tut sowohl Ihnen als auch Ihren Mitarbeitern jede Form von Bewegung am Arbeitsplatz gut – und was gut tut, das wirkt sich immer auf Körper und Seele gleichermaßen aus. Zweitens signalisieren Sie durch Ihre sichtbaren Übungen: Ich kümmere mich im Moment – trotz der ganzen Arbeit, die ich habe – um mich und mein Wohlbefinden. Also, bitte, tut es mir nach und kümmert euch auch um euch. Ihr dürft das. Allein das Signal, das Sie so aussenden, wirkt bereits entspannend auf Ihr Team.

Reiner Gutmann kommt ins Grübeln. Er findet, er sei einfach nicht der Typ, der Spaß daran hat, sich vor anderen Menschen – und noch dazu seinen Mitarbeitern – körperlich zu betätigen. So etwas sei ihm peinlich. Er denkt sich: „Ich mach mich doch nicht zum Affen!" und er spürt, wie ihm allein schon die Vorstellung Herzklopfen bereitet und ihm die Röte ins Gesicht treibt, ohne dass er auch nur einen einzigen Muskel bewegt hätte. Er würde sich höchstens trauen, kurz den Kopf zur Seite zu legen und so den verspannten Nacken für zwei Sekunden zu dehnen – das wäre aber auch das höchste der Gefühle.

Die Befürchtung, sich mit neuen Verhaltensweisen lächerlich zu machen, ist weit verbreitet. Wenn es wirklich nicht Ihre Sache ist, sich hinzustellen und vor allen Leuten Bewegungsübungen zu machen, dann sollten Sie sich dennoch in einer wichtigen Führungstugend üben, nämlich in der positiven Verstärkung richtigen Verhaltens. Sobald Sie jemanden aus Ihrem Team dabei „erwischen", wie er oder sie mit Schulterkreisen, Nackendehnen oder Ähnlichem beschäftigt ist, machen Sie eine anerkennende Bemerkung wie: „Finde ich gut, was Sie da tun! Ich habe neulich erst wieder gelesen, dass man durch solche Übungen Verspannungen vorbeugen kann und fit bleibt. Also machen Sie ruhig noch ein paar Minuten weiter." Wenn Sie dabei aufmunternd lächeln, signalisieren Sie, dass Sie Bewegungsübungen unterstützen und am Wohlbefinden Ihrer Mitarbeiter ein echtes Interesse haben.

Hintergrund
Die Gesetzlichen Krankenkasssen dürfen pro Jahr und Versicherten 2,62 Euro für Prävention ausgeben – nutzen hiervon aber nur zwischen 99 Cent und 1,60 Euro. Natürlich können Sie sich den unterschlagenen Euro nicht einfach auszahlen lassen. Aber: Auf Anfrage kommen Vertreter von Krankenkassen beispielsweise für anderthalb Stunden an den Arbeitsplatz und bringen eine Menge Material mit (Plakate, Therabänder, Jongliertücher usw.). Nachfragen lohnt sich also. Plakate, auf denen Bewegungsübungen abgebildet sind, reduzieren die Hemmschwelle, sich vor anderen körperlich zu betätigen.

Wissen Sie, dass branchenübergreifend die meisten Krankheitstage auf Rückenschmerzen entfallen? Bewegungsübungen helfen hier vorzubeugen. Sie profitieren also doppelt, wenn Sie in Sachen Bewegung aktiv sind: Neben dem wohltuenden Signal „Ihr dürft euch um euch kümmern" ernten Sie als zweite Frucht Ihrer Bemühungen eine höhere Anwesenheitsquote (natürlich langfristig betrachtet).

Pausen lohnen sich
Genauso, wie Sie zu Bewegungsübungen am Arbeitsplatz Mut machen und dabei aktiv vorangehen sollen, gilt: Seien Sie Vorbild beim Pausenmachen, vor allem in Bezug auf die Mittagspause! Falls Sie beim Lesen dieses Satzes zusammengezuckt sein sollten und womöglich gedacht haben „Wer hat denn so viel Zeit?", machen Sie sich klar: Nicht nur Sie selbst brauchen Pausen zur Erhaltung der Leistungsfähigkeit, sondern alle Menschen. Konzentration und Produktivität leiden sonst dramatisch – und das wollen Sie doch gerade vermeiden.

Nach meiner Erfahrung erlauben es sich viele Beschäftigte nicht, mittags den Arbeitsplatz zu verlassen, um in die Kantine zu gehen oder bei einer Runde um den Block eine Nase Frischluft zu nehmen – und warum? Weil ihr Chef ebenfalls durcharbeitet und sie befürchten, es könnte einen schlechten Eindruck machen, wenn sie die Mittagspause wahrnehmen. Das ist erschreckend, zeigt aber ganz deutlich den Einfluss Ihrer Vorbildfunktion! Also: Machen Sie mittags Pause! Verlassen Sie Ihren Arbeitsplatz und zeigen Sie auch anderen, dass Sie gerade nicht arbeiten. Die wenigsten Menschen sind so autark, dass es ihnen gleichgültig wäre, was ihr Vorgesetzter tut oder von ihnen denkt. Abgesehen von der Signalwirkung und den positiven zwischenmenschlichen Folgen, die eine gemeinsam verbrachte Mittagspause hat: Die Auszeit tut Ihnen selbst gut – das sogar in erster Linie!

> Nutzen Sie Ihre Vorbildfunktion als Führungskraft und geben Sie Ihren Mitarbeitern einen gesunden Rhythmus vor. Machen Sie regelmäßig Bewegungsübungen und ermutigen Sie andere dazu. Sorgen Sie dafür, dass Pausenzeiten eingehalten werden, indem Sie selbst sichtbar Pausen machen.

Das alles zeigt wieder einmal, was sich wie ein roter Faden durch dieses Buches zieht: Beginnen müssen – und dürfen! – Sie bei sich selbst. Was Ihnen selbst nachhaltig gut tut, steht auch im Dienste des ganzen Teams und des Unternehmens. So können Sie jeden Tag aktiv dazu beitragen, psychische Belastungen für Ihre Mitarbeiterinnen und Mitarbeiter zu puffern.

Kompakt

Tipps, wie Sie psychische Belastungen Ihrer Mitarbeiter puffern können

- Geben Sie soziale Unterstützung, indem Sie signalisieren:
  - Ich bin sichtbar und ansprechbar (offene Tür zu festen Zeiten, morgendliche Begrüßung, Blickkontakt auch zwischendurch).
  - Ich stärke meinen Mitarbeitern den Rücken (nach außen und nach oben zu und hinter Ihrem Team stehen).
  - Ich erlaube Fehler (aufmunternde Sätze: „Kann schon mal passieren", „Ist doch menschlich", „Daraus lernen wir alle").
- Werden Sie zum Blutdrucksenker – durch Lächeln, Loben und Freundlichkeit.
- Achten Sie auf ungewohnte Belastungssignale, die ein Mitarbeiter aussendet.
- Sprechen Sie den Mitarbeiter warmherzig auf diese Veränderungen an.
- Sagen Sie mit ruhiger Stimme Sätze wie „Immer mit der Ruhe!" oder „Machen Sie mal langsam!".
- Erinnern Sie Mitarbeiter an Erfolge der Vergangenheit. Stärkern Sie so ihr Selbstwertgefühl und damit ihr Zutrauen.
- Seien Sie Vorbild beim Pausenmachen und auch bei kleinen Bewegungsübungen zwischendurch. Bestärken Sie zumindest Ihre Mitarbeiter dabei. Beginnen Sie mit allem bei sich selbst.

8 Wie Sie konstruktiv und wertschätzend Kritik äußern

Heinz Mittig, Einsatzleiter bei einem Paketdienst, kann es nicht fassen: Da ist seinem Mitarbeiter Knoll doch bereits zum dritten Mal innerhalb von zwei Wochen derselbe folgenschwere Fehler passiert. Er hat, weil er die Zielperson nicht angetroffen hat, einen Abholschein im Briefkasten hinterlassen – allerdings mit der Anschrift eines falschen Depots. Rainer Knoll hatte das Paket zu einem ganz anderen Depot ins Abhollager gebracht. Die aufgebrachte Kundin hat sich in ihrem Ärger gleich an den Distriktleiter Werner Schau gewandt. Und der macht nun Heinz Mittig Vorhaltungen, wie er denn nur so jemanden einstellen konnte.

Heinz Mittig muss das Gespräch mit Rainer Knoll suchen. Das bereitet ihm schon am Vorabend Bauchweh, denn eigentlich führt er am liebsten wohlwollend. Mit Rainer Knoll muss er nun aber Tacheles reden, damit sich der Fehler nicht wiederholt und womöglich er selbst die Konsequenzen für die Nachlässigkeit seines Mitarbeiters tragen muss. Knoll neigt dazu, Kritik persönlich zu nehmen und beleidigt die Arme über der Brust zu verschränken. Er bekommt dann einen roten Kopf und tut so, als wäre er unschuldig. Außerdem wird er schnell laut und manchmal auch verbal aggressiv gegen seinen Chef. Er sucht Fehler grundsätzlich bei anderen, das hat Heinz Mittig noch vom letzten Mal in unguter Erinnerung. Da endete das Kritikgespräch sogar damit, dass sich beide auf dem Hof anbrüllten, während andere Fahrer danebenstanden.

Warum ist Rainer Knoll so schnell beleidigt? Weil er sich als Person abgewertet fühlt, und das sogar vor den Augen und Ohren der Kollegen. Zwar glaubt Heinz Mittig, dass er lediglich die Leistung seines Mitarbeiters kritisiert – bei diesem kommt aber an: Der Mittig findet mich schlecht. Also geht er in Rechtfertigungshaltung.

Verständnis erleichtert Ihnen die Arbeit

Eine Abwertung ihrer Person können Menschen nicht gut verkraften. Um ihr Selbstwertgefühl zu retten, flüchten sie sich so wie Rainer Knoll in eine Abwehrhaltung. Sie wissen schließlich, dass sie gute Menschen sind. Also verteidigen sie sich gegen Angriffe von außen und suchen Gründe, die sie und ihr Verhalten rechtfertigen. Das sind dann Erklärungen wie: Ich konnte doch gar nicht anders, und früher haben wir das auch immer so gemacht, und der Meier macht das genauso. Diese Verteidigungsstrategie klingt in den Ohren des Gegenübers wie eine Aneinanderreihung von Ausreden. Heinz Mittig hält seinen Mitarbeiter Knoll für uneinsichtig. Er wird viel Kraft darauf verwenden, den anderen von Fehlern in seinem Verhalten zu überzeugen.

Abwertung und Verteidigung

Das kann nicht funktionieren. Der Mitarbeiter wird sich immer weiter zurückziehen, wird erst recht leugnen und zumindest mental die Arme vor der Brust verschränken. Je uneinsichtiger er auftritt, umso mehr wird er den Vorgesetzten provozieren. Schließlich gibt es ein hitziges Wortgefecht unter starker emotionaler Beteiligung beider Seiten. Das Ende solcher Gefechte ist meist unbefriedigend für alle Beteiligten: Der Mitarbeiter fühlt sich weiterhin unverstanden und abgewertet, und der Vorgesetzte hält den Mitarbeiter für einen verstockten Trotzkopf, der in die Schranken gewiesen gehört, weil er sonst zu einer potenziellen Bedrohung für seine Führungsrolle werden könnte. Ein Mitarbeiter, der die Kritik seines Vorgesetzten nicht annimmt, untergräbt damit dessen Position. Auch die Führungskraft wird sich also unbehaglich fühlen.

Was sind nun mögliche Wege aus dem Dilemma? Als Führungskraft müssen Sie ja kritisieren. Das ist Teil Ihres Jobs. In einem ersten Schritt sollten Sie sich klarmachen: Ein Mitarbeiter, der Ihre Kritik in Frage stellt, will damit nicht Ihre Position angreifen. Er ist auch nicht automatisch ein verstockter Mensch. Sondern er fühlt sich in seinem Selbstwertgefühl bedroht und möchte es schützen.

> Wenn ein Mitarbeiter uneinsichtig reagiert, liegt das meistens daran, dass er sich durch Ihre Kritik als Person abgewertet fühlt und sein Selbstwertgefühl schützen möchte.

Wenn Sie dies wissen, ist die Gefahr geringer, dass Sie sich durch die Rechtfertigungsversuche des Mitarbeiters bedroht oder in Ihrer Kompetenz in Frage gestellt fühlen. Sie brauchen einen klaren Kopf, um Kritikgespräche zu führen, an deren Ende ja eine Verhaltensänderung des Mitarbeiters stehen soll. Bleiben Sie also gelassen. Verständnis für überschäumende Reaktionen eines Mitarbeiters erleichtert Ihnen diese Gelassenheit.

Keine Unterwerfungsgeste fordern

Übrigens sollte es Ihnen als Führungskraft egal sein, ob der Mitarbeiter seinen Fehler einsieht oder nicht. Für Sie ist das vorrangige Ziel, dass er sein Verhalten zukünftig ändert. Dazu ist es nicht erforderlich, dass er in Sack und Asche geht. Immer wieder erlebe ich es, dass Führungskräfte auf einem Schuldeingeständnis des Mitarbeiters bestehen. Er soll ihnen reumütig gestehen, einen Fehler gemacht zu haben. Warum? Diese Vorgesetzten fühlen sich durch die Rechtfertigung ihres Mitarbeiters in ihrer Rolle bedroht. Ihr eigenes Selbstwertgefühl hängt davon ab, dass der Mitarbeiter sich in und vor ihren Augen klein macht. Sie begreifen das Fehler-Eingestehen als Unterwerfungsgeste des Mitarbeiters und brauchen diese zur Absicherung ihrer eigenen Position. Notfalls greifen sie zur Abmahnung.

Das kann nicht gut gehen. Eine schwache Führungskraft, die Unterwerfungsgesten erzwingt, wird dadurch nicht gestärkt, sondern geschwächt. Denn die Mitarbeiter denken dann: Anscheinend hat der das nötig. Also bestehen Sie besser nicht auf Ihrem Recht(-Haben). Für Sie ist entscheidend, dass sich der Fehler nicht wiederholt. Wenn es für Sie das Wichtigste ist, recht zu haben, dann geht es nicht um Sie als Führungskraft, dann geht es um Sie als Menschen, der sich angegriffen fühlt. Auch in solchen Fällen hilft Verständnis: Wenn Sie das Abstreiten und Rechtfertigen als Selbstschutzgeste begreifen, werden Sie sich davon nicht persönlich getroffen fühlen und den Ärger leichter abstreifen.

Checkliste:
Geht es noch um Sie als Führungskraft oder schon um Sie als Menschen?
- Stellen Sie sich eine Situation vor (oder erinnern Sie sich an eine), in der ein Mitarbeiter einen offensichtlichen Fehler macht. Wie reagieren Sie?
- Bestehen Sie darauf, dass der Mitarbeiter seinen Fehler zugibt? Oder genügt es Ihnen, dass er den Fehler in Zukunft vermeiden wird?
- Ärgern Sie sich über Gebühr, wenn er seinen Fehler leugnet? Oder gehen Sie nach einer kurzen Ärgerphase zum Alltag über?
- Drohen Sie dem Mitarbeiter mit Ihrer Sanktionsmacht (zum Beispiel einer Abmahnung, falls sich der Fehler wiederholt)? Oder belassen Sie es beim Bestehen auf einer zukünftigen Verhaltensänderung?

Über Sachen kann man sachlich reden, solange es wirklich nur um die Sache geht. Das merken Sie übrigens daran, wie Ihr Körper auf das Gespräch mit Ihrem Mitarbeiter reagiert. Sobald die Muskeln angespannt sind, der Bauch verkrampft, der Puls sich beschleunigt, liegt die Vermutung nahe, dass Sie sich bedroht fühlen und es nicht mehr nur um die Sache geht. Bei einem reinen Austausch von Sachargumenten würden Ihre körpereigenen Seismographen nicht ausschlagen.

> Ihr Körper zeigt Ihnen, ob es noch um die Sache oder schon um die Person geht: Fragen Sie Ihren Bauch, Ihr Herz, Ihre Muskeln.

Der Kontakt muss stimmen

Solange der Mitarbeiter verschlossen bleibt, wird Ihre Kritik an seiner Leistung ihn nicht wirklich erreichen. Er ist damit beschäftigt, sein Selbstwertgefühl zu schützen. Das erfordert enorme psychische Ressourcen, da bleibt keine Energie mehr für eine sachliche Auseinandersetzung. Es hilft also nicht, auf ihn einzureden, dass er einen Fehler gemacht habe. Er wird die Kritik nicht annehmen können, egal, wie häufig Sie sie wiederholen. Der Mensch muss erst wieder aufnahmefähig werden. Dazu ist es erforderlich, den Menschen im Mitarbeiter anzusprechen (siehe Kapitel 4). Das aber wird Ihnen in einer angespannten Situation nur dann gelingen, wenn

Schutzmauern kosten Energie

8 Wie Sie konstruktiv und wertschätzend Kritik äußern

Sie genügend Vorarbeit geleistet haben. Kritik wird nur dann angenommen, wenn die zwischenmenschliche Basis dafür gegeben ist, wenn der andere sich wertgeschätzt fühlt (siehe Kapitel 5).

> **Der Mitarbeiter muss sich als Person wertgeschätzt fühlen, um überhaupt offen zu sein für negative Kritik an seinem Verhalten.**

Sie als Führungskraft brauchen genau diese Offenheit, damit der Mitarbeiter für die Zukunft zu einer Verhaltensänderung bereit ist. Offenheit und Wertschätzung lassen sich nicht durch rhetorische Tricks erklären. Deshalb finden Sie in diesem Kapitel keine empfehlenswerten Redewendungen. Die Haltung muss stimmen, dann kommt Ihr Verhalten beim Mitarbeiter genau so an, wie Sie es gemeint haben. Der Mitarbeiter spürt, ob Sie ihn schätzen.

Heinz Mittig regt sich auf: Was im Seminar erzählt wird, findet er unpraktikabel. Es passe nicht zu seiner Situation. Er musste Rainer Knoll unter Zeitdruck einstellen, denn Weihnachten stand vor der Tür. Da brauchte er mehr Paketzusteller als sonst und habe quasi jeden genommen, der einen Führerschein hatte und ein bisschen Deutsch sprach. Es blieb einfach nicht die Zeit für lange Personalauswahlgespräche, in denen er etwas über den Mitarbeiter hätte erfahren können. Wie also solle er nun den Menschen im Mitarbeiter erreichen? Was solle er an ihm wertschätzen? Er wisse doch nichts über ihn.

Die Situation von Herrn Mittig ist typisch für die heutige Arbeitswelt. Kurzfristige Entscheidungen sind die Regel. Die Verschlankung der Betriebe macht es unmöglich, viel Zeit in das Kennenlernen der Mitarbeiter zu investieren. Das heißt aber nicht, dass Heinz Mittig gar nichts tun könnte, um Rainer Knoll auf menschlicher Ebene zu erreichen.

Lächeln als Kontaktbrücke

Es fängt bei der Mimik an. Auch Rainer Knoll wird registrieren, ob sein Chef ein Lächeln auf dem Gesicht hat oder nicht, selbst wenn er es noch so eilig haben sollte. Jedes Lächeln signalisiert das Bemühen um einen guten Kontakt. Und ob Heinz Mittig ihn beim

Gang über den Hof grüßt oder nicht, wird Rainer Knoll erst recht bemerken. Das gilt kulturübergreifend. Gerade an Arbeitsstätten, die multikulturell geprägt und entsprechend vielsprachig sind, bilden nonverbale Kontaktsignale wie Lächeln und Nicken die Basis von Beziehungen.

Wer nichts über einen anderen Menschen weiß, der muss fragen. Heinz Mittig könnte Rainer Knoll zum Beispiel fragen, wie ihm die Arbeit gefällt, oder abends vor Feierabend, wie der Tag gewesen ist; ob die Kunden vor Weihnachten schon einmal Trinkgeld geben, ob er selbst Weihnachten mag – alles unverfängliche Fragen, die nicht zu intim sind und dennoch Interesse am Mitarbeiter signalisieren. Natürlich will Heinz Mittig, dass der Fahrer seinen Job schnell erledigt. Deshalb möchte er ihn auch nicht lange aufhalten. Aber zwei, drei Sätze dürften immer drin sein. Wenn er darüber hinaus selbst ein bisschen von sich erzählt, zeigt er auch dadurch, dass ihm an Rainer Knoll auch als Mensch gelegen ist. Er könnte etwa sagen, dass für seinen Geschmack Weihnachten inzwischen kommerziell zu sehr ausgeschlachtet wird. Damit gibt er nichts wirklich Privates von sich preis, aber er zeigt, dass ihm an einem guten Kontakt zu seinem Mitarbeiter etwas liegt.

Fragen als Kontaktbrücke

Heinz Mittig nimmt sich am Ende des Seminars vor, bei den drei gerade neu eingestellten Mitarbeitern eine Beziehungsbasis zu schaffen, die auf gegenseitiger Wertschätzung beruht. Dazu möchte er in der nächsten Woche ein halbstündiges Treffen ansetzen, bei dem er und die Neuen sich beschnuppern können. Dabei soll es dann nicht nur um Berufliches gehen. Er glaubt, danach werde es ihm leichter fallen, mit ihnen ins Gespräch zu kommen, etwa, wenn er ihnen auf dem Hof begegnet. Er habe dann ja Anknüpfungspunkte. Wenn er ohnehin ab und zu mit ihnen spreche, werde ihm auch negative Kritik leichter über die Lippen kommen.

Vorgesetzte, die – so wie Heinz Mittig es plant – an normalen Arbeitstagen aufrichtiges Interesse an ihren Mitarbeitern zeigen, können sich darauf verlassen, auch in angespannten Situationen und bei Kritik auf offene Ohren zu stoßen. Die Mitarbeiter brauchen ihnen gegenüber keine Energie in das Errichten von Schutzmauern rund um ihr Selbstwertgefühl zu stecken. Sie wissen, dass ihr Vorgesetzter sie als Mensch wertschätzt, und fühlen sich daher nicht bedroht. Sie werden sicher trotzdem bisweilen mit Rechtfertigungen auf negative Kritik reagieren. Sie wollen schließlich vor ihrem Chef gut dastehen. Dabei wird es jedoch primär um das Darlegen von Sachargumenten gehen. Die emotionale Beteiligung wird wesentlich geringer ausfallen, als wenn sich einer von beiden oder sogar beide Gesprächspartner persönlich angegriffen fühlen.

Sich sicher fühlen Ihr Ziel sollte es sein, sich sicher zu fühlen im Kontakt mit jedem einzelnen Mitarbeiter, also bei jedem eine positive Basis zu schaffen. Dazu müssen Sie Ihre Leute ein bisschen kennen lernen. Sie sollten zu jedem immer wieder Kontakt aufnehmen, Fragen stellen, von sich erzählen, also ab und zu auch ein paar Worte jenseits der Arbeit wechseln.

Ohne Feedback keine Führung

Ein positives, wertschätzendes Miteinander sorgt dafür, dass sich alle wohler fühlen am Arbeitsplatz. Aber es enthebt Sie nicht der Verpflichtung, Feedback zum Leistungsverhalten zu geben. Leider ist es auch keine Garantie dafür, dass Missverständnisse und Fehler fortan ausbleiben. Auch weiterhin werden Sie Ihren Leuten Rückmeldung über ihre Arbeit geben müssen, positive wie negative. Negatives sollten Sie unbedingt bald ansprechen. Was Sie auf die lange Bank schieben, wird weder für Sie noch für den Mitarbeiter einfacher. Negative Kritik muss unter vier Augen erfolgen, denn wenn Kollegen anwesend sind, ist das Selbstwertgefühl stark gefährdet. Die Angst vor Gesichtsverlust ist groß.

Negative Kritik wird Ihnen umso leichter fallen, je mehr positive Kritik Sie spenden, also loben.

Menschen brauchen Feedback, und zwar in beide Richtungen, selbst wenn die eine Richtung Ihnen mehr Herzklopfen abverlangt als die andere. Wer keine Rückmeldung über die Qualität seiner Arbeit bekommt, reagiert verunsichert. Wer verunsichert ist, ist angespannt. Wer angespannt ist, macht Fehler. Und spätestens beim Fehler wird die Führungskraft aktiv. Beim Mitarbeiter stellt sich so die Erkenntnis ein: Hier wirst du nur wahrgenommen, wenn etwas schiefläuft – und keiner sieht, was gut läuft. Dass das frustriert und noch weiter verunsichert, liegt auf der Hand. Eine bekannte Anerkennungsfaustregel lautet daher: Loben Sie dreimal öfter, als Sie kritisieren.

Lob muss ab und zu auch allein stehen. Wenn grundsätzlich eine negative Kritik nachfolgt, wird das Lob instrumentalisiert. Es ist nur Mittel zum Zweck, Transportmittel für Negativkritik. Teilnehmer meiner Seminare schildern häufig: „Wenn mein Chef mich lobt, dann sitz ich innerlich schon auf glühenden Kohlen und denke mir, jetzt rück schon damit raus, was du mir eigentlich sagen willst." Was hatte dieser Vorgesetzte gelernt? Die Sandwich-Feedbacktechnik, die da lautet: Verpacken Sie negative Kritik in die Mitte von positiven Rückmeldungen, leiten Sie positiv ein, lassen dann die negative Kritik folgen und beenden Sie das Gespräch schließlich mit positivem Feedback. Für die zweite positive Rückmeldung bleibt in der Regel keine Zeit, also wird darauf verzichtet. Dann merken die Mitarbeiter sehr schnell, dass ein Lob aus dem Munde ihres Chefs lediglich eine Einleitung für Kritik darstellt. Ein ähnlicher Missbrauch des Lobs liegt vor, wenn es grundsätzlich gekoppelt ist mit einem zusätzlichen Auftrag wie: „Sie haben das doch neulich so schön gemacht, hier ist noch einmal dasselbe zu erledigen, und zwar in der Hälfte der Zeit."

Die Sandwich-Feedbacktechnik

Die Erfinder der Sandwich-Feedbacktechnik haben sich etwas dabei gedacht, nämlich dass das Selbstwertgefühl des Kritisierten zunächst gestärkt werden soll, damit er die Kritik danach offener annehmen kann. Nur leider reicht es dazu nicht aus, ein einziges Lob auszusprechen. So mechanisch, wie es häufig in Seminaren gelehrt wird, kann menschliches Verhalten in seiner Komplexität nicht funktionieren. Es steckt ein wahrer Kern in der Technik, aber wenn Sie den Kern nutzen wollen, dürfen Sie es nicht bei der Technik belassen. Statt einer Technik des Feedbackgebens empfehle ich Ihnen eine Haltung, die dauerhafter Natur ist und die den Boden dafür bereitet, dass der Mitarbeiter Ihre Kritik annehmen kann:

Stabilisieren Sie sein Selbstwertgefühl, und zwar dauerhaft, in jedem Gespräch (siehe Kapitel 5).

> **Jede Kommunikation mit dem Mitarbeiter sollte zum Ziel haben, sein Selbstwertgefühl zu stärken, statt es zu schwächen.**

Das funktioniert nur, wenn die oben angesprochene Basis stimmt. Wen Sie wirklich schätzen, dem begegnen Sie mit Vertrauen. Das merkt der Mitarbeiter daran, dass Sie entspannt mit ihm sprechen, ihm neue Aufgaben übertragen, ihn nach seiner Meinung fragen. Wenn der Mitarbeiter sich von Ihnen wertgeschätzt fühlt, wird er offen sein für Ihre Kritik, weil er sein Selbstwertgefühl nicht zu schützen braucht. Vor dem Kritikgespräch sollten Sie sich daher Klarheit verschaffen über Ihre gefühlsmäßige Einstellung dem Mitarbeiter gegenüber. Bringen Sie ihm gedanklich wirklich Wertschätzung entgegen oder halten Sie ihn für einen renitenten Quertreiber? Zeigt sich Letzteres daran, dass Ihr Körper in der oben beschriebenen Weise reagiert? Das wäre ein Hinweis darauf, dass der Karren Ihrer Beziehung bereits zu tief im Dreck steckt, als dass Sie ihn allein herausziehen könnten.

Wenn der Karren richtig im Dreck steckt

Für die neuen Mitarbeiter hat Heinz Mittig eine Lösung gefunden. Sein zweiter Vorsatz bezieht sich auf Rainer Knoll. Heinz Mittig ist zu dem Schluss gekommen, dass das Verhältnis zwischen ihm und seinem Fahrer im Augenblick zerrüttet ist. Er hat verstanden, dass sich jeder vom anderen bedroht fühlt. Sein Mitarbeiter sieht sich als Person abgewertet durch die negative Kritik, und er selbst fühlt sich als Führungskraft durch das aufmüpfige Verhalten Rainer Knolls in Frage gestellt, reagiert dadurch unsicher und seinerseits aggressiv. Er hält die Lage für zu verfahren, um sie allein zu regeln. Also beschließt er, einen Betriebsrat, den er in der Vergangenheit als konstruktiv erlebt hat, für ein Gespräch zu dritt hinzuzuziehen.

Wenn Sie merken, dass eine Situation zu verfahren ist, als dass Sie selbst mit klarem Kopf, einem Blutdruck von 120 zu 80 und einem Pulsschlag von 70 in ein Gespräch mit dem betreffenden Mitarbeiter gehen könnten, sollten Sie eine neutrale Person ins Boot holen. In einem Gespräch zur Konfliktklärung, einem Mediationsgespräch, ist es wichtig, dass beide Parteien nicht direkt zueinander sprechen, sondern zum neutralen Dritten.

Im Beispiel würde Heinz Mittig den Betriebsrat und Rainer Knoll zum Gespräch einladen und direkt dazu sagen, dass er die Sache mit den Abholkarten klären möchte (Sachproblem). Da er den Eindruck habe, dass Herr Knoll und er derzeit nicht gut miteinander sprechen können, möchte er Herrn X als neutrale Vertrauensperson gern dabei haben, damit Herr Knoll und er sich nicht schon wieder anbrüllten wie neulich auf dem Hof. Mit diesem Vorgehen soll Transparenz geschaffen werden, auch damit der Mitarbeiter nicht denkt, es ginge um dramatische Veränderungen oder personalrechtliche Dinge.

Mediationsgespräch

Im Mediationsgespräch selbst erzählt Heinz Mittig zunächst dem Betriebsrat, wie unangenehm es für ihn war, als Herr Schau ihn zu sich zitiert habe, weil Rainer Knoll zum wiederholten Male den falschen Abholschein ausgestellt hatte, und wie verärgert die Kunden gewesen sein müssen. Dass es seine Pflicht sei, Herrn Knoll auf seinen Fehler hinzuweisen, damit dieser sich nicht wiederhole, dass Herr Knoll aber so aggressiv reagiert hätte und nicht den Eindruck erweckt hätte, als wolle er in Zukunft mehr Sorgfalt walten lassen. Er, Heinz Mittig, müsse nun einmal darauf bestehen, hätte aber keine Lust, direkt zur Abmahnung zu greifen. Man müsse doch wie normale Menschen miteinander sprechen können. Er müsse sich aber als verantwortlicher Vorgesetzter darauf verlassen können, dass Herr Knoll zukünftig für jedes Wohngebiet die richtigen Karten verwendet.

Währenddessen sitzt Rainer Knoll daneben und hört zu. Dann schildert er die Situation aus seiner Sicht. Dabei spricht er nicht zu seinem Vorgesetzten, sondern erzählt das Ganze ebenfalls dem Betriebsrat, während Heinz Mittig nur zuhört. Erst danach suchen beide Parteien eine Lösung. In diesem Fall sieht die so aus, dass Herr Knoll seine Karten im Karteikasten vorsortiert und beim Erreichen des nächsten Wohnviertels jeweils die nächsten Karten nach vorne holt.

Das klingt künstlich und kostet etwas Mut, aber es wirkt. Durch das Vermeiden der Direktansprache wird das Gespräch automatisch wohltuend versachlicht. Mediationsgespräch bedeutet Vermittlungsgespräch. Falls es in Ihrem Unternehmen keinen Betriebsrat gibt oder Sie ihn nicht für geeignet halten, gibt es vielleicht einen älteren Arbeitnehmer, der eine Vertrauensposition innehat. Diese muss nicht offiziell sein. Es reicht, dass Sie ihm vertrauen. In besonders komplizierten Fällen, etwa wenn es nicht nur um Sie und einen einzelnen Mitarbeiter, sondern um rivalisierende Gruppen in Ihrem Team geht, können Sie auch einen externen, professionellen Mediator hinzuziehen oder eine Teamentwicklungsmaßnahme planen (siehe Kapitel 6).

Manch ein Leser denkt jetzt vielleicht: „Da mach ich mich ja lächerlich, das ist doch unrealistisch. Mit so einem renitenten Mitarbeiter muss ich alleine fertig werden, wie steh ich denn sonst da? Der kriegt eine Abmahnung, basta." Das können Sie machen, es wirkt auch – kurzfristig. Erst einmal haben Sie Ruhe. Aber so etwas spricht sich herum. Es heißt dann schnell: „Hier darfst du dir nicht den kleinsten Fehler erlauben und aufmucken schon gar nicht, sonst stehst du direkt vor der Kündigung." Gute Arbeit ist in so einer Atmosphäre nicht mehr möglich. Das Klima ist vergiftet und es kann lange dauern, bis das Miteinander wieder einigermaßen normal funktioniert.

Stärke statt Schwäche Fürchten Sie nicht, dass Ihnen das Mediationsgespräch als Ausdruck von Schwäche ausgelegt werden könnte. Sich neutrale Hilfe zu suchen ist vielmehr ein Zeichen von Stärke und Professionalität. Außerdem sollte eine langfristig tragfähige Beziehung zu Ihrem Mitarbeiter es Ihnen wert sein. Sie demonstrieren damit Ihr Interesse am Mitarbeiter. Er ist Ihnen nicht gleichgültig, und seine Leistung muss stimmen. Daran wiederum sollten alle im Betrieb ein Interesse haben.

> **Kompakt**
>
> **Tipps, wie Sie konstruktiv und wertschätzend Kritik äußern**
>
> - Menschen brauchen Feedback, und zwar positives wie negatives. – Seien Sie insbesondere mit positivem Feedback großzügig.
> - Bringen Sie negative Kritik baldmöglichst zur Sprache. Aufschieben tut niemandem gut.
> - Werden Sie sich vor dem Kritikgespräch klar über Ihre gefühlsmäßige Einstellung gegenüber dem Mitarbeiter.
> - Wertschätzung für die Person erleichtert Ihnen Ihre Arbeit und macht Ihr Gegenüber aufnahmefähiger für Negativkritik an seiner Leistung.
> - Wenn die Lage verfahren ist: Holen Sie eine neutrale Person als Moderator hinzu.

9 Wie Sie aus der Kränkungs-Rache-Spirale aussteigen

Bernd Loger meint es witzig und ironisch, als er auf den Präsentationsfolien einer Mitarbeiterin gleich zu Beginn zwei Fehler entdeckt und kommentiert: „Na, Frau Dürn, das haben Sie ja toll hingekriegt. Da war wohl der Restalkohol vom Wochenende noch nicht ganz abgebaut, haha."
Ilse Dürn kann darüber offenbar nicht lachen. Sie schnappt sich entrüstet ihre Unterlagen und rauscht aus dem Besprechungsraum. Bernd Loger wundert sich und sagt in die Runde: „Meine Güte, unsere Frau Dürn ist aber zart besaitet." Als er nach Sitzungsende nach seiner Mitarbeiterin schauen möchte, kann er gerade noch hören, wie eine in Tränen aufgelöste Ilse Dürn zu ihrer Kollegin sagt: „Und das, wo ich doch so gut wie nie etwas trinke." Als sie ihn im Türrahmen stehen sieht, wendet sie sich sofort um und tut so, als würde sie sich ihrer Arbeit widmen. Bernd Loger denkt sich: „So etwas muss die doch abkönnen. Schließlich hat sie mich auf der letzten Betriebsfeier auch ganz schön auf die Schippe genommen."

Was glauben Sie? Wird Frau Dürn fortan voll Respekt von ihrem Chef sprechen? Wird sie sich mit ganzem Herzen in die Arbeit stürzen, damit ihr in Zukunft weniger Fehler passieren? Wahrscheinlicher ist, dass Frau Dürn ihre Truppen sammelt und zum Kampf rüstet, zumindest aber wird sie ihre Motivation ein paar Stufen zurückschrauben, denn sie ist gekränkt. Eine Kränkung ist selten eine abgeschlossene Sache. Kränkungen haben Folgen, die Sie als Führungskraft kennen sollten, um frühzeitig gegensteuern zu können.

Kränkungen haben ihre eigene Dynamik

Eine Kränkung ist eine stark emotionale Reaktion auf ein Ereignis, das einen wunden Punkt getroffen hat und das Selbstwertgefühl bedroht. So ein wunder Punkt kann etwa im Falle von Frau Dürn das Kritisiert-Werden in der Öffentlichkeit sein, das wohl die meisten Menschen als schamvoll erleben würden. Vielleicht kommt noch erschwerend hinzu, dass Frau Dürn negative Erfahrungen mit Alkoholmissbrauch, zum Beispiel bei ihrem Mann, hinter sich hat – das wissen wir aber nicht. Wir wissen nur, dass die Bemerkung von Herrn Loger sie offenbar gekränkt hat.

Das Problematische an einer Kränkung ist: Jede Kränkung zieht Rache nach sich. Rache wiederum wird vom Gegenüber seinerseits als Kränkung erlebt – und so weiter. Angenommen, Frau Dürn würde infolge der erfahrenen Kränkung fortan nur noch Dienst nach Vorschrift machen und mit ihrer Einstellung zwei weitere Kolleginnen anstecken. Sie würden vorgeblich ihre Arbeit erledigen, aber hinter dem Rücken ihres Vorgesetzten kichern. Dadurch würde sich Herr Loger in seiner Autorität untergraben fühlen, was für ihn eine Kränkung darstellt. Und schon sind seine Emotionen beteiligt, und er wird auf Rache sinnen, und sei es, dass er sich auf seine Sanktionsmacht beruft und den Dreien mit einer Abmahnung droht. Eine Spirale nimmt ihren Lauf.

Kränkungen haben Folgen

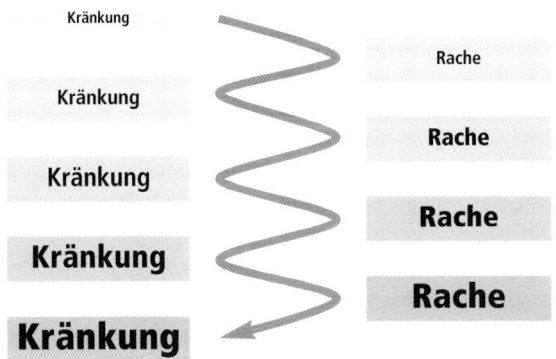

Abb. 9.1: Die Kränkungs-Rache-Dynamik

9 Wie Sie aus der Kränkungs-Rache-Spirale aussteigen

Es ist wichtig für Sie als Führungskraft, frühzeitig die Spirale zu verlassen, denn nicht nur Ihre Emotionen sind betroffen, sondern auch die Gefühle, die Leistungsbereitschaft und Leistungsfähigkeit Ihres Mitarbeiters. Und schließlich wird ein innerlich auf Vergeltung sinnender Mitarbeiter nicht gerade zum Teamfrieden beitragen. Wenn er die Kollegen mit seiner Rachlust ansteckt, ist kein konstruktives Arbeiten mehr möglich. Auch das ist für Sie als Führungskraft bedeutsam. Eine Kränkung im Arbeitsleben ist somit mehr als ein persönliches Problem des betroffenen Mitarbeiters. Sie ist ein Problem für ihn, für Sie, Ihr Team und Ihr Unternehmen.

Schäden für die Gesundheit — Wer einsteigt in eine Kränkungs-Rache-Spirale schadet damit potenziell auch seiner Gesundheit: Der Ärger schlägt auf den Magen, der Blutdruck schießt in die Höhe, das Herz schlägt rasend schnell. Psychosomatische Beschwerden sind die Folge. Man ist mit den Gedanken woanders, also unkonzentriert, und zwar auch über die unmittelbare Situation hinaus. Die eigene Leistungsfähigkeit ist damit reduziert.

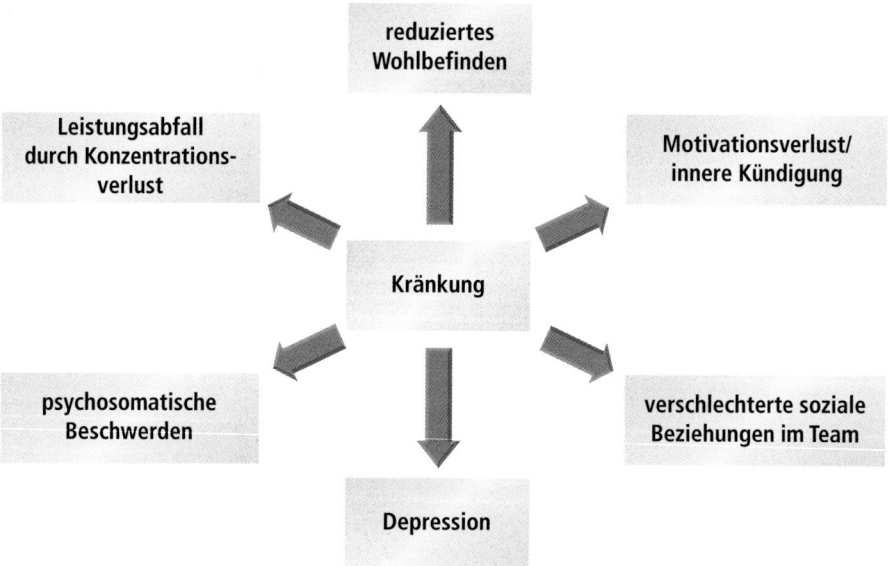

Abb. 9.2: Die möglichen Folgen von Kränkungen

Kränkungen haben ihre eigene Dynamik

Jede Kränkung führt zu Beeinträchtigungen unterschiedlichster Art. Das Wohlbefinden, die Gesundheit, die Produktivität, die Zusammenarbeit – all das kann durch Kränkungen leiden. Die Arbeitsatmosphäre ist emotional aufgeladen: Der eine schlägt wild um sich, unter Erwachsenen natürlich primär verbal, der andere zieht sich deprimiert zurück. Für Sie als Führungskraft ist der Mitarbeiter in beiden Fällen verloren. Er wird seine Leistungsfähigkeit nicht mehr voll in Ihren Dienst stellen.

Als Führungskraft müssen Sie in der Lage sein, die Kränkungs-Rache-Dynamik zu unterbrechen – im Interesse Ihrer Gesundheit, im Interesse der Mitarbeiter und im Interesse des Unternehmens.

Hintergrund
Die Münchner Psychotherapeutin Evelyn Kroschel-Lobodda hat ein Modell zum Thema Kränkungen entwickelt. Ihrer Ansicht nach entstehen bei jeder Kränkung im Gekränkten vier Energien:
- Blockade (schlagfertige Antworten fallen einem erst hinterher ein);
- Schmerz (man fühlt sich verletzt, verdrängt den Schmerz jedoch);
- Aggression (gegen den Kränker, Unbeteiligte oder sich selbst);
- Scham (Erleben von Gesichtsverlust).

Da Scham in unserer Kultur tabuisiert wird, flüchten, so Kroschel-Lobodda, manche Menschen in Arroganz.

Offene Aggression gegen den Kränker kommt im beruflichen Alltag nur selten vor, weil der Gekränkte häufig in irgendeiner Form vom Kränker abhängig ist und dessen Sanktionen fürchtet, zum Beispiel den Verlust des Arbeitsplatzes. Stattdessen wertet er den Kränker innerlich ab („so ein Idiot") und sucht Verbündete, mit denen er über den anderen tratschen kann. Im schlimmsten Fall intrigiert er gegen den Kränker.

Als Führungskraft souverän agieren

Bedrohtes Selbstwertgefühl

Sobald ein Mitarbeiter uns laut kritisiert, über uns zu lachen scheint oder sein Gesicht verzieht, trifft er damit potenziell unser Selbstwertgefühl als Führungskraft. Auch wenn ein Mitarbeiter seine Fehler nicht einsieht, fühlen wir uns davon bedroht (siehe Kapitel 8). Jedes „Ich habe nichts falsch gemacht" eines Mitarbeiters untergräbt die Autorität seines Vorgesetzten. Ein Mitarbeiter, der sich nicht führen lässt, ist eine Bedrohung für dessen Rollenverständnis und letztlich für dessen Selbstwertgefühl. Denn auch Führungskräfte differenzieren nur selten zwischen ihrer Rolle als Vorgesetzter und ihrem eigentlichen Ich. Wie reagieren nun Menschen auf eine Infragestellung ihrer Rolle? Sie versuchen, die Rolle zu verteidigen, Führungskräfte zum Beispiel, indem sie auf ihre Sanktionsmacht pochen und dem Mitarbeiter für den Wiederholungsfall mit einer Abmahnung drohen. Das ist schweres Geschütz, das aufgefahren wird.

Ein erster Schritt zur Unterbrechung der Kränkungs-Rache-Spirale besteht darin, sich seiner Gefühle bewusst zu werden. Erst die Reflexion der psychischen Prozesse ermöglicht ein Gegensteuern. Reflektieren können Sie aber nur dann, wenn Sie den direkten Kontakt zum Mitarbeiter vorübergehend verlassen – gedanklich und am besten auch im wörtlichen Sinne räumlich. Denn wenn Sie im Kontakt bleiben, haben Sie nur folgende Möglichkeiten: Ärger, Gegenschlag, Verteidigungshaltung oder Ignorieren – wobei Letzteres oft nur dem äußerem Schein dient, der Ärger im Innern aber weitergeht. Die Kränkung wirkt.

Abstand gewinnen

Der Trick besteht nun darin, die Kränkung an ihrer Wirkung zu hindern. Dazu müssen Sie Abstand gewinnen. Sie brauchen Abstand, um Ihre Motive, Gedanken und Gefühle zu ordnen. Sie stellen sich quasi neben sich und den Kontrahenten und betrachten den Konflikt wie ein Forschungsobjekt von außen. Dadurch distanzieren Sie sich wohltuend von Ihren Emotionen. Emotionen sind wichtig für Vorgesetzte, und Sie haben in diesem Buch schon mehrfach Plädoyers für emotionale Führung gelesen, aber im Falle einer Kränkung brauchen wir genau das Gegenteil, nämlich Ratio und Ent-Emotionalisierung. Die negativen Gefühle würden uns sonst überschwemmen. Wir verlören den klaren Kopf und ließen uns womöglich zu Dingen hinreißen, die irreparable Schäden hinterließen.

Der souveräne Umgang mit einer erfahrenen Kränkung bedeutet zunächst, sich einzugestehen, dass man gekränkt ist. Erst wenn Sie Ihre Gefühlslage geklärt haben, ist es sinnvoll, sich über die Motive des anderen Gedanken zu machen. Dass der Sie vielleicht gar nicht kränken wollte, sondern nur seine Kompetenzsphäre bedroht sah und sich zu verteidigen suchte, wird Ihnen nur dann auffallen, wenn Sie ungestört von Ihren Emotionen über den Vorfall nachdenken können. Sie müssen Ihre Betroffenheit für diesen Moment zurückstellen, um den Motiven des anderen auf die Spur zu kommen. Dann können Sie nüchtern die Frage reflektieren: Welche Grundbedürfnisse des anderen sind bei dem Vorfall eventuell verletzt worden, so dass er auf diese Weise gehandelt hat? Dadurch dass Sie sich in den anderen hineinversetzen, ent-emotionalisieren Sie sich selbst noch weiter und fühlen sich souveräner.

Es klingt paradox, aber: Wenn Sie sich in die Gefühle und Bedürfnisse des anderen hineinversetzen, lassen Ihre negativen Emotionen nach und Sie werden ruhiger. Das Ergebnis ist größere Souveränität, die Sie ausstrahlen.

Jede Bemerkung, die Sie nicht persönlich nehmen, trägt zur Prävention einer Eskalation bei und ermöglicht Ihnen ein souveräneres Auftreten.

Übrigens: Nur Personen, die einem wirklich wichtig sind, können einen richtig kränken. Wenn jemand, der Ihnen gleichgültig ist, zum Beispiel ein pöbelnder Jugendlicher auf der Straße, versucht, Sie zu kränken, werden Sie dies leichter abschütteln, als wenn ein Kollege oder Ihr Geschäftsführer dieselben Worte benutzt. Bisweilen hilft es daher auch, sich zu sagen, dass der andere einem egal ist.

9 Wie Sie aus der Kränkungs-Rache-Spirale aussteigen

Mitleid hilft beim Distanzieren Manchen Menschen hilft es, Mitleid für ihr Gegenüber zu empfinden. Wer sich innerlich sagt „Meine Güte, muss man dem schon arg mitgespielt haben, dass der sich zu so einem Ekel entwickeln konnte", nimmt gedanklich eine überlegene Position ein und kann aus dieser Distanz heraus den Fortgang des Kontakts unemotional gestalten. Das sollte man allerdings nicht laut sagen, denn solche Äußerungen wären natürlich gleichbedeutend mit Kränkungen.

Vielleicht denken Sie manchmal: Der kommt so großspurig daher, den kann ich nicht bemitleiden – dessen Selbstbewusstsein ist offenbar gigantisch, das bräuchte eher einen Dämpfer. Wenn sein Selbstwertgefühl so stark ist, warum muss er es dann so heftig schützen? Je mehr Bollwerk zum Selbstschutz aufgefahren wird, desto verletzter ist der Mensch und desto schwächer, nicht stärker, ist sein Selbstwertgefühl. Menschen mit einem starken Selbstwertgefühl ruhen in sich, können Fehler zugeben und bleiben auch bei Angriffen auf ihre Persönlichkeit gelassen.

Das eigene Selbstwertgefühl stärken Es ist daher sinnvoll, das eigene Selbstwertgefühl zu stärken – quasi als Präventionsmaßnahme für Kränkungen und Konfliktsituationen. Wege dorthin gibt es viele. So können Sie etwa für Erfolgserlebnisse auch außerhalb des Berufs sorgen. Oder Sie bilanzieren Ihre bisherigen Erfolge und versehen Ihre Arbeitsumgebung mit symbolischen Hinweisen darauf. Oder Sie rufen sich jeden Abend im Bett in Erinnerung, worauf Sie stolz sind. Oder Sie schreiben auf kleine Karten, was andere schon Lobendes über Sie gesagt haben. Legen Sie falsche Bescheidenheit ab. Was Sie da tun, dient einem guten Zweck.

> Wenn Sie verhindern wollen, dass Sie sich übermäßig leicht gekränkt fühlen: Stärken Sie Ihr Selbstwertgefühl.

Als Führungskraft Kränkungen vermeiden

Wenn Sie jemanden bewusst kränken, wird er nie klein beigeben, sich Ihnen mental unterordnen oder tun, was auch immer Sie von ihm wollen. Er wird stattdessen ebenfalls die beschriebenen Reaktionen zeigen: Gegenwehr, Abwertung, Intrigen, Verleumdung, Verweigerung. Ob er das offen zeigen wird, sei einmal dahingestellt. Aber auch wenn Sie von seinen Reaktionen nichts merken, werden Sie als Führungskraft die negativen Folgen zu spüren bekommen. Sie tun sich also mit Kränkungen keinen Gefallen.

Nun werden Sie in den wenigsten Fällen einen Mitarbeiter absichtlich kränken. Kränkungen werden eher en passant geschehen, ohne dass sie Ihnen bewusst sind. Das ändert aber nichts am Ergebnis. Wenn Sie feststellen, dass ein Mitarbeiter sich offensichtlich gekränkt fühlt, nützt es Ihnen nichts, dass Sie – wie Herr Loger – vor sich selbst sagen können: Es ist nicht meine Schuld, wenn der so empfindlich ist. Wenn jemand sich gekränkt fühlt – unabhängig davon, wie Sie die Situation sehen –, dann nimmt die destruktive Kränkungs-Rache-Dynamik ihren Lauf, mit allen Nachteilen für Sie und Ihren Erfolg. Sie müssen als Führungskraft also auch dann tätig werden, wenn Sie sich nicht verantwortlich glauben für das Empfinden des Mitarbeiters.

Einen Mitarbeiter, der hinter jeder Bemerkung einen potenziellen Angriff wittert, kann man kaum vor Kränkungen schützen, aber man sollte ihm mit Einfühlungsvermögen begegnen, den Kontakt so wertschätzend wie möglich gestalten und eindeutig kommunizieren. Das bedeutet insbesondere, jegliche Ironie zu unterlassen, denn die könnte der Mitarbeiter leicht in den falschen Hals bekommen. Besonders empfindlichen Mitarbeitern – wie einer Ilse Dürn – sollten Sie mit viel Wertschätzung begegnen, wenn Sie wollen, dass sie weiterhin produktiv sind.

Umgang mit Mimosen

> Auch Mimosen sind Teil Ihres Teams. Sie brauchen noch mehr Wertschätzungsbeweise als andere Mitarbeiter, um sich nicht schnell gekränkt zu fühlen und dann destruktiv zu reagieren.

9 Wie Sie aus der Kränkungs-Rache-Spirale aussteigen

Überbringen schlechter Nachrichten

Manchmal haben Sie als Führungskraft die Kränkung gar nicht selbst zu verantworten. So sind Ihre Einflussmöglichkeiten in der Sandwich-Position etwa bei angekündigtem Stellenabbau, Umstrukturierungen im Konzern oder bei Informationsdefiziten hinsichtlich der Geschäftspolitik begrenzt. Dennoch sind Ihre Leute gekränkt. Als Vorgesetzter müssen Sie bei Entlassungen wie schon erwähnt einen Spagat schaffen. Dieser Spagat lässt sich nur mit authentischer Wertschätzung für jeden einzelnen Mitarbeiter, den gehenden wie den bleibenden, bewältigen. Wer seine Mitarbeiter wirklich schätzt, der schickt ihnen den Entlassungsbescheid nicht per E-Mail oder SMS. Das hat es alles schon gegeben. Auch Entlassungsgespräche kann man mit Respekt, Würde und Anteilnahme führen und so das Kränkungsempfinden wenigstens ein kleines bisschen mildern.

Besonderes Augenmerk gilt Kritikgesprächen. Wenn Sie Mitarbeiter kritisieren müssen, ist dies immer eine potenzielle Bedrohung für deren Selbstwertgefühl. Das heißt, die Kränkungsanfälligkeit ist erhöht. Wie Sie damit konstruktiv umgehen können, wurde im vorangegangen Kapitel ausführlich erläutert. Letztlich lassen sich die Empfehlungen dazu auf einen Nenner bringen: Wertschätzung.

Wertschätzend bleiben auch in Konfliktsituationen

Sachkonflikte sind selten

Wenn man sich einmal klarmacht, wodurch ein Konflikt zum Konflikt wird, liegt die Lösung schneller auf der Hand als angenommen. Natürlich gibt es echte Sachkonflikte: Da streiten sich zwei Menschen ohne emotionale Beteiligung darüber, wie in einer Angelegenheit am besten zu verfahren sei; sie stellen sich wechselseitig ihre Argumente vor und entscheiden sich im gegenseitigen Einvernehmen für eine Vorgehensweise. Aber das ist selten. Bei den meisten Konflikten, die wir auch tatsächlich als Konflikte bezeichnen würden, sind Emotionen im Spiel. Man will die eigenen Vorstellungen durchsetzen, weil man sich mit seinen Argumenten identifiziert, und man wertet die Argumente des Gesprächspartners ab. In dem Moment handelt es sich nicht mehr um einen Sachkonflikt – auch wenn es nach außen hin noch immer um die Sache geht –, in Wirklichkeit ist die Sache inzwischen vorgeschoben: Sie ist Austragungsort für einen Konflikt auf der Beziehungsebene geworden.

Was zeichnet Konflikte auf der Beziehungsebene aus? Wir haben den Eindruck, dass jemand in unser Revier eindringt, dass wir uns verteidigen müssten. Wieder einmal ist unser Selbstwertgefühl bedroht. Das geht bei manchen Menschen schneller als bei anderen – Sie ahnen schon, wovon das abhängt: Je schwächer das Selbstwertgefühl, desto schneller fühlt sich derjenige angegriffen und glaubt, in Verteidigungshaltung gehen zu müssen. Diese Verteidigungshaltung kommt beim Gegenüber als Aggression an – und schon eskaliert der Konflikt. Natürlich können Konflikte ganz unterschiedliche Ursachen haben, aber die Basis ist in der Regel ein bedrohtes Selbstwertgefühl.

Bekanntlich können wir nicht gut damit leben, dass unser Selbstwertgefühl angegriffen wird – fast reflexartig gehen wir zum Angriff über, um das Minus auf unserem Wertschätzungskonto wieder auszugleichen. Leider führt das meist zu der oben erläuterten Teufelsspirale. Fazit: Wann immer Sie mit jemandem ein Gespräch führen müssen, in dem es auch um potenziell negative oder strittige Aspekte gehen könnte, sollten Sie versuchen, dem Selbstwertgefühl des Gegenübers „Futter" zu geben durch einen Wertschätzungsvorschuss – zum Beispiel, indem Sie an ein zurückliegendes Erfolgserlebnis erinnern oder ganz einfach den anderen besonders freundlich begrüßen und damit ausdrücken, dass Sie sich über sein Erscheinen freuen.

Auf das Wertschätzungskonto einzahlen

> Ein Wertschätzungsvorschuss ist die beste Präventionsmaßnahme gegen Kränkungen und gegen Konflikte auf der Beziehungsebene.

Wie empfänglich jemand für die Wertschätzung ist, die andere ihm entgegenbringen, ist wiederum stark von seinem Selbstwertgefühl abhängig. Natürlich spielen auch andere Faktoren eine Rolle, wie die aktuelle Stressbelastung (auch privat), manchmal eine Depression, selbstverständlich in gewissem Maße der Charakter und die Art und Weise, wie der andere über die Beziehung zu Ihnen denkt. Wenn zum Beispiel ein Kollege oder Ihr Chef Sie für einen Intriganten hält, der sich hinterrücks auf seinen Stuhl schleichen möchte, müssen Sie ihm schon deutlich zu verstehen geben, dass Sie erstens wissen, was Sie tun, und dass Sie zweitens keine Gefahr für ihn und seine Position darstellen.

Offensichtlich zweckfrei daherkommende Wertschätzung ist für die meisten Menschen ungewöhnlich – wir sind es eher gewohnt, dass wir uns die Wertschätzung anderer erst verdienen müssen. Rechnen Sie daher mit Misstrauen von Seiten Ihres Gegenübers, bevor der andere bereit ist, sich in einer konfliktbeladenen Situation auf ein wirklich sachliches Gespräch einzulassen. Wenn nichts anderes hilft, holen Sie einen Mediator dazu. Das Verfahren wurde in Kapitel 8 beschrieben.

Kompakt

Tipps, wie Sie aus der Kränkungs-Rache-Spirale aussteigen

- Wenn der andere aggressiv wird, sagen Sie sich: Hat der aber ein geringes Selbstwertgefühl! Das entspannt Sie.
- Die wichtigste Präventionsmaßnahme: Stärken Sie Ihr Selbstwertgefühl. Dann fühlen Sie sich nicht so leicht angegriffen.
- Spenden Sie dem Gegenüber einen Wertschätzungsvorschuss. Der entwaffnet.
- Wenn nichts mehr hilft: Suchen Sie sich einen Mediator. Langfristig lohnt sich das.

10 Woher Sie den Mut für gesunden Egoismus nehmen

Ein leichter Herzinfarkt vor acht Monaten hat Ingo Neumann zum Innehalten gezwungen. Bis zu diesem Ereignis waren Überstunden und Arbeiten am Wochenende für ihn die Regel. Er wollte seine Mitarbeiter entlasten, also hat er sich selbst immer ein bisschen mehr aufgebürdet. Zu Aufgaben, die sein Chef ihm antrug, konnte er ohnehin nicht Nein sagen. Wenn er heimkam, warteten die Kinder, seine Frau und der Umbau des Hauses, das Arbeiten ging also weiter. Über seine Gesundheit machte er sich damals keine Gedanken.
Das hat sich geändert. Heute begleitet ihn die Angst um sein Herz. Aber er sieht sie inzwischen als Hinweis darauf, sich stärker zu schonen und besser auf sich zu achten. „Das Drama war für etwas gut", erklärt er lachend den Kollegen, „ich hab jetzt meine eigene Alarmanlage." Ingo Neumann hat seine Lehren aus der Erkrankung gezogen. Der Hausumbau ruht erst einmal. Auch beruflich hat er zurückgesteckt und auf die Leitung eines weiteren Ressorts, die man ihm angeboten hat, verzichtet. Die Entscheidung ist ihm nicht leicht gefallen, denn sie bedeutet natürlich auch einen Verzicht in finanzieller Hinsicht. Aber das ist ihm seine Gesundheit wert.

Die Entscheidung für ein gesünderes Leben ist oft ein ganz bewusster Akt. Viele Menschen fangen erst an, auf sich zu achten, wenn ihr Körper ihnen die rote Karte gezeigt hat – so wie Ingo Neumann. Ohne den Herzinfarkt hätte er weiterhin Mehrarbeit und Überstunden gemacht. Dabei hätte er das Funktionieren seines Körpers als selbstverständlich vorausgesetzt. Allerdings ist Gesundheit nur in unserer Kindheit (meist) ein Geschenk. Mit den Jahren wird sie das Produkt aktiver Entscheidungen und Verhaltensweisen. Vielen fällt das erst auf, wenn der Körper plötzlich den Dienst versagt. Dabei wäre ein frühzeitiges Gegensteuern der effektivere Weg.

> Je älter wir werden, desto weniger ist Gesundheit selbstverständlich. Sie verlangt zunehmend mehr Einsatz.

Wer ist der wichtigste Mensch in Ihrem Leben?

Manchmal bitte ich zu Beginn eines Seminars die Teilnehmerinnen und Teilnehmer, auf einem kleinen Zettel ein einziges Wort zu notieren, und zwar die Antwort auf die Frage: Wer ist der wichtigste Mensch in Ihrem Leben? Nur etwa ein Drittel schreibt das Wörtchen „Ich". Die meisten kommen gar nicht auf diese Idee oder sie haben Hemmungen, weil sie nicht als Egoist dastehen wollen. Eltern sagen oft: „Ja, aber mein Kind kommt doch an erster Stelle." Das ist zwar ehrenwert, stimmt aber in meinen Augen nur bedingt. Angenommen, eine Mutter achtet gar nicht auf sich selbst und ruiniert ihre Gesundheit, so dass sie schließlich krank danieder liegt. Spätestens ab diesem Zeitpunkt ist es für sie schwierig, eine gute Mutter zu sein. Sinnvoller ist es daher, sich selbst und die eigene Gesundheit als Basis zu betrachten für all die anderen Aufgaben, die das Leben für einen bereithält.

Für Vorgesetzte ist der Fall noch klarer, das haben die Beispiele in diesem Buch schon mehrfach gezeigt. Wer als Führungskraft kopfschmerzgeplagt, nackenverspannt, schlafgestört und hungrig am Arbeitsplatz erscheint, wird ganz sicher kein Auge für das Befinden der Mitarbeiterinnen und Mitarbeiter haben. Er existiert mehr, als dass er führt. Dabei ist es am Arbeitsplatz leichter als im Privatleben zu sagen: An erster Stelle komme ich, dann erst kann ich einen guten Job machen. Viele Führungskräfte gehen allerdings so in ihrer Arbeit auf, dass sie Warnsignale des Körpers nicht bemerken. Sie fühlen sich berufen zu ihrer Rolle und brennen für die Sache, bis sie ausgebrannt sind. Dann fühlen sie nichts mehr. Emotionale Leere löst die Euphorie ab. Schließlich können sie auch das Privatleben nicht mehr genießen.

Sie haben nur ein Leben

Wir haben – wie Ingo Neumann – nur ein Leben. Das wird irgendwann vorbei sein, und dann werden wir Bilanz ziehen. Eine Ansammlung von „Ach, hätte ich doch" macht den Abschied aus diesem Leben schwer. Warum nicht frühzeitig umdenken und gut für sich sorgen? Die meisten Hemmungen liegen in uns selbst. Wir tragen Sätze wie „Der Esel nennt sich selbst zuerst" oder „Bescheidenheit ist eine Zier" seit frühester Kindheit mit uns herum. Insbesondere viele Frauen wachsen auf mit der impliziten Botschaft, sich selbst zugunsten der anderen zurückzunehmen und eigene Ansprüche zurückzustellen. Irgendwann ist es dann zu spät, eigene Bedürfnisse auszuleben.

Die Aussage „Ich bin der wichtigste Mensch in meinem Leben" kostet viele Seminarteilnehmer Überwindung. Das Pflichtgefühl scheint ebenso dagegen zu sprechen wie der moralische Anspruch, sich als Teil einer sozialen Gemeinschaft zu fühlen, in der man füreinander da ist. Die Betonung des Individuums erscheint einem auf den ersten Blick unangemessen egozentrisch. Aus psychologischer Sicht kommt aber Selbstliebe vor der Fähigkeit, andere zu lieben. Dieses Grundprinzip kennen wir seit mindestens zweitausend Jahren: Wer andere so lieben soll wie sich selbst, der muss eben zunächst bei sich beginnen. Übertragen auf unser Thema bedeutet das: Sorgen Sie als Erstes für Ihre Gesundheit und Ihre Leistungsfähigkeit, und kümmern Sie sich erst danach um Gesundheit und Leistungsfähigkeit Ihrer Mitarbeiterinnen und Mitarbeiter. Die andere Reihenfolge funktioniert nicht, wie auch Ingo Neumann jetzt weiß.

Ihre Gesundheit ist Ihr wichtigstes Kapital für Ihren Job als Führungskraft.

Wenn das schlechte Gewissen an Ihnen nagt

Rein logisch ist vielen Führungskräften die Prioritätenfolge klar. Dennoch nagt in der Praxis an den meisten irgendwann das schlechte Gewissen. Da flüstert eine Stimme: „Aber die anderen haben doch schon so viel für dich gemacht, da kannst du jetzt nicht einfach Nein sagen." Dankbarkeits- und Verpflichtungsgefühle können einem den gesunden Egoismus ganz schön schwer machen. Manche meinen, nicht mehr in den Spiegel schauen zu können, wenn sie gerade in hektischen Zeiten mehr auf sich achten und Arbeitsaufträge ablehnen. Sie fragen sich, ob sie die Kollegen nicht im Stich lassen – mit dem Resultat, dass sie doch wieder mit anpacken.

Verpflichtungsgefühle sind das eine. Dabei geht es um Skrupel oder Vorwürfe, die man sich selbst macht. Das andere sind Befürchtungen, die Kollegen könnten einem Egoismus vorhalten. Selbst wenn Sie sich entschlossen haben, zukünftig stärker auf sich zu achten: Vermutlich kommen Ihnen doch hin und wieder Zweifel. Schließlich soll niemand Sie für einen Drückeberger halten. Also könnten Sie doch noch ... ausnahmsweise ... nur das eine Mal noch ... Und auch hier wird das Ende vom Lied sein, dass Sie wieder mehr tun, als Sie eigentlich wollten.

Nein sagen können Wenn alles immer ausgerechnet bei Ihnen landet, hat das seinen Grund: Entweder Sie sagen nicht Nein, weil Sie nicht als sozialer Schuft dastehen wollen. Dann ist die Frage, wie realistisch diese Befürchtung ist. Gab es ähnliche Vorfälle in der Vergangenheit? Könnten Sie sich reinen Gewissens und mit guten Argumenten rechtfertigen, wenn die Kollegen Ihnen einen Vorwurf machen? Könnten Sie sich gegen potenzielle Vorhaltungen wappnen, indem Sie schon im Voraus darlegen, warum Sie sich diesmal nicht einbringen? Könnten Sie schließlich damit leben, als Egoist dazustehen? Was wäre das Schlimme daran? Oder Sie brauchen es, dass sich die Arbeit auf Ihrem Schreibtisch stapelt. Vielleicht, weil Sie sich dann unentbehrlich fühlen? Diese Motive sollten Sie hinterfragen.

Vielleicht arbeiten Sie auch deshalb zu viel, weil Sie tatsächlich Angst vor dem Verlust Ihres Arbeitsplatzes haben. Das hat dann nichts mit Ihrem schlechten Gewissen im eigentlichen Sinne zu tun. Fragen Sie sich, wie realistisch es ist, dass Sie durch Mehrarbeit Ihren Job retten können. Falls das tatsächlich realistisch ist, müssen Sie abwägen: Wie viel ist Ihnen Ihr Job wert? Und wie viel ist Ihnen Ihre Gesundheit wert?

Sich bewusst entscheiden Egal, wie Sie Ihre Prioritäten setzen, wichtig ist, dass Sie sich bewusst entschieden haben. Wenn Ihnen die Entscheidung schwerfällt, notieren Sie Ihre Argumente in einer zweispaltigen Tabelle und diskutieren Sie sie mit Ihrem Partner oder einem guten Freund. Vielleicht ist es eine Lösung für Sie, sich zeitlich befristet (zum Beispiel: noch höchstens drei Monate) stark zu engagieren. Die Vorstellung, dass die harte Zeit ein Ende haben wird, empfinden viele Menschen als Entlastung. Überlegen Sie sich frühzeitig, wie lange die Anspannungsphase maximal dauern darf und welche Alternativen Sie haben. Selbst wenn die Alternative so aussieht, dass Sie sich aus dem Job als Führungskraft verabschieden, falls die stressigen Zeiten länger als drei Monate andauern sollten, dann kann auch das eine Lösung sein. Es ist schließlich Ihr Leben.

Das Gewissen hat die Angewohnheit, uns so lange zu quälen, wie wir ihm keinen bewussten Platz einräumen. Wenn wir uns dagegen mit unseren Zweifeln intensiv auseinandersetzen, schweigt es irgendwann. Bewusste Auseinandersetzung, das heißt für Psychologen immer, sich Notizen zu machen. Bringen Sie Ihre Skrupel zu Papier und entkräften Sie sie genau dort. Die Psyche glaubt, was die Augen sehen. Schreiben Sie auf, welche Argumente Sie auf Ihrer Seite haben. Das stärkt Ihnen den Rücken, bringt das schlechte Gewissen zum Schweigen und erleichtert ganz nebenbei auch die Diskussion mit Kollegen.

Ruhiges Gewissen

Bewusste Entscheidungen bringen das schlechte Gewissen zum Schweigen.

Wenn andere Sie für einen Egoisten halten

Machen Sie sich nichts vor. Wenn Sie planen, fortan stärker auf sich selbst zu achten als bisher, werden Sie nicht überall Beifall ernten.

Seit seiner Rückkehr nach der Krankheit hat Ingo Neumann nicht nur auf die Übernahme des neuen Ressorts verzichtet, auch andere Aufgaben lehnt er hin und wieder ab. Während er früher gern für Kollegen eingesprungen ist und geholfen hat, wo Not am Mann war, sogar manchmal Schichten seiner Mitarbeiter übernommen hat, sagt er jetzt häufig Nein. Damit macht er sich wenig Freunde. Neulich

10 Woher Sie den Mut für gesunden Egoismus nehmen

meinte sogar ein Kollege verärgert: „Na, Sie haben sich aber verändert, so kenne ich Sie gar nicht."

Sich auf Gegenwind einstellen
Die Umgebung macht es Ingo Neumann nicht gerade leicht, stärker auf sich zu achten. Da könnte der eine oder andere leicht rückfällig werden, denn es erfordert Rückgrat, seiner neuen Linie treu zu bleiben. Rechnen Sie besser frühzeitig mit Gegenwind, denn Menschen mögen nur selbst gewählte Veränderungen gern. Wenn jemand anders sich dagegen ändert und sie mit neuen Verhaltensweisen konfrontiert, reagieren sie erst einmal abwehrend. Umso mehr gilt das, wenn diese neuen Verhaltensweisen für sie Arbeit oder Umstellung ihrer Routinen bedeuten. Und darauf wird es hinauslaufen, wenn Sie Ernst machen mit dem gesunden Egoismus. Die anderen müssen einen Preis zahlen – und Sie müssen einstecken können.

Stille Zeiten absprechen
Treffen Sie Vereinbarungen mit detaillierten Absprachen für Zeiträume, in denen Sie sich zurückziehen. Auch als Führungskraft können Sie täglich bis zu zwei Stunden einplanen, in denen Sie absolut ungestört sind. Ideal ist es, wenn diese Zeit fix ist, sich also nicht jeden Tag ändert. So können sich die Kollegen leichter darauf einstellen. Vielleicht wagen Sie es auch, in der Teamrunde von Ihren gesundheitlichen Beschwerden zu berichten? Das kostet ein bisschen Mut, bringt Ihnen aber im Idealfall das Verständnis der anderen ein. Und Sie prägen damit als Führungskraft das Klima in Ihrem Team wieder ein Stückchen mehr in Richtung Offenheit.

In der Regel werden weniger die Mitarbeiter das Problem sein, sondern eher die Kollegen auf gleicher Ebene. Hier gelten uneingeschränkt dieselben Tipps. Letztlich gehört zum gesunden Egoismus, immer auch ein gewisses Maß an Unverständnis und vielleicht sogar Aggression auszuhalten. Ein kleiner Rest an Unbehagen wird vermutlich bleiben. Er ist leichter zu ertragen, wenn Sie sich vor Augen führen, was Sie damit gewinnen.

Zu Hause hat Herr Neumann auch einige Schwierigkeiten, seit er nach Feierabend gern eine halbe Stunde für sich haben möchte. Bisweilen kommen die Kinder und wollen wie früher mit ihm spielen, obwohl er die Tür geschlossen hat. Manchmal möchte seine Frau, dass er noch ein paar Besorgungen macht, weil er ja sowieso am Supermarkt vorbeikommt. Und neulich wünschte seine Mutter, dass er vor Einbruch der Dunkelheit noch schnell ihren Rasen mähe. Da er gerade erst heimgekommen war, kam er dieser Bitte nicht nach, woraufhin seine Mutter beleidigt in ihre Stube ging.

Spätestens an diesem Punkt geben viele Menschen mit den besten Vorsätzen für mehr Selbstfürsorge auf. Dass die Liebsten verstimmt reagieren, wenn sie sich zurückziehen und Ansprüche auf Erholung geltend machen, lässt sie schwach werden – bis zum nächsten Kollaps, der dann hoffentlich auch die Familie zu mehr Rücksicht zwingt. Dabei muss es gar nicht so weit kommen. Wenn Sie die auftretenden Widerstände vorhersehen und mit einplanen, können Sie auch privat einige Klippen umschiffen. Damit erleichtern Sie sich selbst die Umstellung und ersparen Ihren Lieben manche Enttäuschung.

Auch privat gilt: Selbstfürsorge will geregelt sein. Vereinbaren Sie zum Beispiel bei einem gemeinsamen Abendessen, dass Sie nach dem Heimkommen künftig erst eine halbe Stunde für sich alleine haben möchten, bevor Sie sich wieder in den Familientrubel stürzen. Nennen Sie Ihre Gründe, etwa: „Danach macht das Spielen mit mir viel mehr Spaß, weil ich dann wieder fit bin." Treffen Sie Absprachen, was in dieser halben Stunde passieren oder nicht passieren soll. Lassen Sie zum Beispiel Ihre Kinder Wege finden, wie Vater oder Mutter in dieser Zeit ungestört sein kann. Stoppschilder, ausgestellte Telefone, Hörkassetten-Stunde im Kinderzimmer und ähnliche Ideen werden viel lieber in die Tat umgesetzt, wenn die Kinder selbst auf den Gedanken gekommen sind. Ganz wichtig: Danach hat Ihre Familie ungestörten Anspruch auf Ihre Präsenz, quasi als Belohnung. Wenn Sie dann mit halbem Ohr mit Kollegen telefonieren, wirkt diese Strategie nicht.

Privat Selbstfürsorge regeln

Argumente für gesunden Egoismus

Auch andere profitieren davon, wenn Sie für sich selbst sorgen. Wenn Sie ausgeglichener sind, sich nicht mehr so leicht aus der Ruhe bringen lassen, genug gegessen, geschlafen und Erholung getankt haben, ist das Zusammensein mit Ihnen viel angenehmer.

Sie werden auf eine Weise aufmerksam sein können, wie es im Zustand von Erschöpfung ganz sicher nicht möglich ist. Mit anderen Worten, gesunde Egoisten tun auch anderen gut. Das gilt nicht nur für Ihre Kinder, die mit einer ausgeruhten Mama oder einem erholten Papa mehr Freude am Spielen haben, sondern das gilt ebenso für Ihre Mitarbeiter.

Grenzen setzen

Vielleicht ist es Ihnen auch schon aufgefallen: Selbstlosigkeit wird einem selten gedankt. Keiner kommt und sagt: „Super, jetzt sollten Sie sich aber mal ausruhen." Im Gegenteil, die Leistung wird als Standard angesehen und für die Zukunft als selbstverständlich vorausgesetzt. Frühzeitig Nein zu sagen – und das kann man lernen – ist somit ein Schutz gegen Ausbeutung, auch und gerade gegen unabsichtliche Ausbeutung. Meistens plant die Umgebung nicht, einen Menschen auszunutzen. Vielmehr schleichen sich Gewohnheiten ein, und man denkt nicht mehr darüber nach. Dann heißt es verständnislos: „Ja, aber Sie haben das doch sonst auch immer gemacht." Frühzeitiges Neinsagen verhindert, dass sich solche Routinen einstellen und Sie auf immer denselben Tätigkeiten sitzen bleiben.

Respekt von Kollegen

Erfreulicherweise hat sich das Sozialprestige der Vielbeschäftigten gewandelt. Während es in den Neunzigern noch schick war, eine 60-Stunden-Woche, einen übervollen Terminkalender und nie Zeit zu haben, wird das inzwischen eher als Hinweis auf schlechte Zeitplanung gedeutet. Stattdessen gilt es als erstrebenswerter Ausdruck von Lebensqualität, Zeit für sich zu haben und dem Privatleben auch vor Kollegen einen hohen Stellenwert einzuräumen. Menschen wie Ingo Neumann, die erzählen, dass ihr Herzinfarkt ihnen deutlich machte, was wirklich zählt im Leben, ernten Respekt. Das wäre vor zehn Jahren noch anders gewesen. Da hätte niemand so etwas preisgegeben, und wenn doch, dann wäre er sich wie ein Verlierer vorgekommen und – was noch schlimmer ist – von den Kollegen auch so betrachtet worden.

Fragen wie die folgenden können Ihnen helfen, Ihre Position zu klären und sich sicherer zu fühlen in Ihren Bedürfnissen. Artikulieren, nach außen verteidigen und in die Tat umsetzen müssen Sie Ihre Ansprüche aber selbst. Sich gedanklich darüber im Klaren zu sein, was einem wirklich wichtig ist im Leben, ist die Basis jeder Selbstfürsorge – aber eben nur die Basis für die Praxis, nicht die Praxis selbst. Wenn es Ihnen Ernst ist mit der Selbstfürsorge, wird sich das in Ihren Worten und Handlungen widerspiegeln.

Checkliste:
Hilfreiche Fragen zur Selbstüberzeugung
- Gibt es Menschen, die Sie für ihre Lebensführung bewundern? Was machen diese anders?
- Wie wird es Ihnen gehen, wenn Sie Ihre jetzige Lebensweise noch fünf Jahre fortführen? Zehn? Zwanzig? Sind Sie damit zufrieden?
- Wie werden Sie in zehn Jahren aussehen, wenn Sie so weiterleben wie bisher? Gefallen Sie sich?
- Würde Ihr Lebensstil den Segen eines Gesundheitsgurus bekommen? Was müsste passieren?
- Gibt es in Ihrem Leben Menschen, die sagen, Sie sollten mehr auf sich achten? Was ist deren Motivation?
- Wenn Sie so oft Ja sagen, obwohl Sie eigentlich Nein sagen wollen: Was befürchten Sie, und wie können Sie diese Befürchtung widerlegen?

Sie sind der Chef in Ihrem Leben

… und Sie sind der Chef über Ihren Körper. Behandeln Sie ihn so, wie Sie die High Potentials in Ihrem Team behandeln: achtsam, wertschätzend, fordernd, aber nicht überfordernd. Ihren besten Leuten gönnen Sie ja auch ihre Pausen und Urlaube. In Stresszeiten fordern Sie sicher etwas mehr, aber im Sinne einer langfristigen Erhaltung der Leistungsfähigkeit dürfen Ihre Leistungsträger sich danach auch guten Gewissens ausruhen. Dasselbe Recht gilt für Sie und Ihren Körper.

Den Akku aufladen

Laden Sie Ihren Akku regelmäßig auf. Durch die Arbeit – beruflich wie privat – verbrauchen Sie Energien, die Sie nachfüllen müssen, damit Ihre Batterie nicht irgendwann leer ist. Wenn Sie im Urlaub richtig Kraft getankt haben, sind Sie nach Ihrer Rückkehr wesentlich leistungsfähiger und belastbarer. Kurz vor dem nächsten Urlaub sieht das anders aus. Dann sind die meisten Menschen dünnhäutiger und brauchen selbst für Routinetätigkeiten viel länger als sonst.

Die Energien sind verbraucht, der Akku ist leer. Als Chef in Ihrem Leben sind Sie auch Herr über Ihren Energiehaushalt. Achten Sie darauf, frühzeitig aufzutanken, damit Sie nicht auf Reserve fahren müssen. Beim Auto ist das Nachtanken für uns selbstverständlich: Ohne Betriebsflüssigkeit fährt es nicht. Unsere Betriebsflüssigkeit im physiologischen Sinne ist das Wasser, im seelischen Sinne ist es die Selbstwertschätzung oder Selbstfürsorge.

Für mich nur das Beste! Zu dieser Einstellung werden Sie gelangen, wenn Sie sich für den wichtigsten Menschen in Ihrem Leben halten. Das Beste, das heißt auch, um ein Beispiel zu nennen: nur das Beste essen. Weil Sie es sich wert sind. Das Beste ist sicher nicht der Müsliriegel mit der Cola zu Mittag. Dasselbe gilt für viele Lebensbereiche. Das Beste ist sicherlich nicht allabendlich das Fernsehprogramm der Privatsender. Das Beste, das ist nicht die Uraltmatratze, die schon Ihren Eltern treue Dienste geleistet hat. Und das Beste, das ist auch nicht die vernachlässigte Wohnung, weil man ja sonst zu nichts kommt. Wen man schätzt, den pflegt man auch. Wie es um Ihre Selbstliebe bestellt ist, können Sie ganz leicht anhand der folgenden Fragen überprüfen.

Checkliste:
Woran Sie merken können, ob Sie sich selbst schätzen
- Essen Sie in Ruhe, oder schlingen Sie Ihr Essen hektisch in sich hinein?
- Wählen Sie Ihre Lebensmittel bewusst aus, oder ist Ihnen gleichgültig, was Sie essen?
- Decken Sie sich den Tisch, oder ist es Ihnen egal, wie Sie essen?
- Pflegen Sie sich körperlich, oder ist Ihnen unwichtig, wie Sie aussehen?
- Wählen Sie Ihre Kleidung bewusst, oder ist Ihnen egal, wie Sie herumlaufen?
- Sprechen Sie sich gedanklich Mut zu, oder machen Sie sich in Gedanken klein?

Weil Sie es sich wert sind Gehen Sie achtsam mit sich um! Demonstrieren Sie sich täglich, dass Sie viel von sich halten – und dass Sie es wert sind, sich pfleglich zu behandeln. Noch pfleglicher als Ihren Kaffee-Vollautomaten. Was steht in Ihrer Bedienungsanleitung für sich selbst? Was brauchen Sie? Das Prinzip funktioniert in beide Richtungen: Wenn Sie ein starkes Selbstwertgefühl haben, werden Sie gut für sich sorgen.

Und wenn Sie gut für sich sorgen, registriert Ihre Psyche das mit Gedanken wie „Ich muss schon ziemlich viel wert sein, dass ich mir so etwas gönne!". Die zweite Richtung haben Sie vollständig selbst in der Hand. Probieren Sie es aus, auf diese Weise Ihr Selbstwertgefühl zu streicheln. Dann fällt es Ihnen leichter, einen gesunden Egoismus zu pflegen.

> **Kompakt**
>
> **Tipps, woher Sie den Mut für gesunden Egoismus nehmen**
>
> - Sie sind der wichtigste Mensch in Ihrem Leben.
> - Ihre Gesundheit ist die Basis Ihrer Führungstätigkeit. Pflegen Sie sie als Ihr wichtigstes Führungsinstrument.
> - Treffen Sie bewusst Ihre Entscheidungen zur Selbstvorsorge, möglichst schriftlich, und erleichtern Sie sie den Menschen in Ihrer Umgebung durch konkrete Absprachen, zum Beispiel über Ihre Rückzugszeiten.
> - Zeigen Sie sich täglich, dass Sie sich selbst wertschätzen, gedanklich und in Taten – für Sie nur das Beste!

11 Wie Sie auch im Stress gelassen bleiben

Astrid Weilen kann so leicht nichts aus der Ruhe bringen. Normalerweise ist sie die Gelassenheit in Person und bewahrt auch in hektischen Situationen einen kühlen Kopf. Problematisch wird es nur, wenn der Leiter der Vertriebsdirektion Süd seinen Besuch ankündigt. Dann ist Astrid Weilen aus dem Häuschen, so wie heute. Ihre Quartalszahlen sind noch nicht so wie von ihm gewünscht aufbereitet, und anders als sonst kommt diesmal nicht der erlösende Anruf, dass er im Stau stehe. Als ihr Mitarbeiter Frieder Ebner ihr Büro betritt und sie wegen eines schwierigen Reklamationsvorgangs fragen will, entfährt ihr: „Kommen Sie mir jetzt bitte nicht mit Ihrem typischen Kleinkram. Sie sind so unselbstständig wie mein Neffe, und der ist erst acht!"

Jeder kann sich vorstellen, wie diese Bemerkung auf den Mitarbeiter Ebner wirkt. Im günstigsten Fall wird er seiner Chefin zugute halten, dass sie gerade unter Stress steht. Im schlimmsten Fall wird er denken: Jetzt weiß ich endlich, was sie von mir hält; sie hält mich für unselbstständig wie einen Achtjährigen. Sein Blutdruck wird bei diesem Gedanken sicher nach oben schnellen, sein Herz wird schneller schlagen, und seine Muskeln werden sich verspannen. Wenn er jetzt in innere Kündigung flüchtet – denn seine Einsatzbereitschaft erleidet durch den Vorfall einen empfindlichen Dämpfer –, hat Astrid Weilen in Zukunft eher mehr als weniger Stress. Ihr eigener Stress hat sich auf den Umgang mit Frieder Ebner sehr negativ ausgewirkt, mit dem Resultat, dass auch er sich unwohl fühlt.

> **Wenn Sie als Führungskraft gestresst sind, bleibt das nicht ohne Folgen für den Umgang mit Ihren Mitarbeitern. Es wirkt sich schnell negativ auf deren Gesundheit und Wohlbefinden aus.**

Wie sich Ihr Führungsverhalten unter Stress verändert

Machen Sie sich nichts vor: Stress geht auch an Ihnen nicht spurlos vorüber. Vielleicht bemerken Sie es selbst nicht, aber es ist ein Gesetz: Entweder Sie sind nicht wirklich im Stress oder Sie verändern sich. Erkundigen Sie sich bei Ihrer Umwelt. Dieses Feedback kann manchmal ganz erhellend sein. Außerdem wird es als Ausdruck von Wertschätzung verstanden, wenn Sie Ihre Mitarbeiter um Rückmeldung bitten. Die Bereitschaft zur Selbstreflexion wird Ihnen in der nächsten Stress-Situation mit mehr Verständnis für Ihre Reaktionen gedankt. Vielleicht ahnen Sie jedoch ohnehin, wie sich Ihr Verhalten verändert, sobald Sie unter Stress stehen. Die Checkliste zeigt typische Beispiele.

Checkliste:
Ihr Führungsverhalten unter Stress
- Wird Ihre Mimik dann eher starr und unbeweglich?
- Leiden Ihr Tonfall und Ihre Lautstärke?
- Vergessen Sie kleine Ausgleichsbewegungen wie das Recken und Strecken zwischendurch?
- Verzichten Sie auf Ihre Mittagspause?
- Sind Ihnen Sicherheitsvorschriften dann manchmal egal?
- Reißen Sie die Dinge an sich, statt zu delegieren?
- Sind Höflichkeit und Umgangston beeinträchtigt?
- Betonen Sie einseitig die Sachaspekte Ihrer Führungsaufgabe und vernachlässigen die Beziehung zum Mitarbeiter?

Das Beispiel von Astrid Weilen zeigt übrigens auch, wie wichtig es ist, negative Kritik in stressfreien Zeiten zu üben (siehe Kapitel 8). Denn wenn sie sich aufstaut – und die Formulierung „typisch" lässt das vermuten –, kommen Verärgerungen dramatisch überzogen daher. Hätte Frau Weilen ihren Mitarbeiter schon früher darauf angesprochen, dass sie sich durch sein häufiges Nachfragen gestört fühlt und dass sie ihm auch eine selbstständige Erledigung der Reklamationsaufgaben zutraut, dann hätte sie diese Eskalation vermeiden können.

11 Wie Sie auch im Stress gelassen bleiben

Symptome frühzeitig erkennen

Unter Stress zu stehen ist im heutigen Arbeitsleben völlig normal, solange es nicht der Regelzustand ist. Und – so viel als kleine Entlastung vorweg – selbst wenn Ihnen einmal der Ton entgleitet, bedeutet das nicht gleich eine Katastrophe. Wichtig ist, die eigenen Stress-Symptome frühzeitig wahrzunehmen. Nur dann können sie ihren Warncharakter entfalten, und Sie können rechtzeitig gegensteuern – einerseits, um keine zwischenmenschlichen Konflikte zu provozieren, andererseits, um gesundheitliche Folgeschäden zu vermeiden.

Das schwächste Organ ist von Mensch zu Mensch ein anderes, dazu lässt sich keine allgemeine Regel aufstellen. Bei dem einen wird der Tinnitus lauter, beim zweiten schlägt das Herz unregelmäßig, ein dritter spürt Magenkrämpfe, der vierte vielleicht ein Ziehen im Kopf oder eine verspannte Nackenmuskulatur. Irgendein Stress-Symptom entwickeln die meisten Menschen im Laufe ihres Lebens. Dies ist nicht schlimm, solange Sie es als Warnsignal ihres Körpers begreifen und das Auftreten zum Anlass für Gegenmaßnahmen nehmen. Leider denken die meisten Menschen erst um, wenn ihnen gesundheitlich nicht die gelbe, sondern bereits die rote Karte gezeigt wurde (siehe Kapitel 2 und 10). Dabei spricht nichts dagegen, schon vor dem ersten Herzinfarkt auf sich aufzupassen.

Hintergrund

Unter anderem folgende Erkrankungen werden mit Dauerstress in Zusammenhang gebracht:
- Erkrankungen des Herz-Kreislauf-Systems (Bluthochdruck, Schlaganfall, Herzinfarkt)
- Erkrankungen des Magen-Darm-Traktes
- Schwächung des Immunsystems (häufigere Infektionserkrankungen, Verschlimmerung von Auto-Immun-Erkrankungen wie rheumatoider Arthritis, Multiple Sklerose, allergische Erkrankungen)
- schnelleres Wachstum von vorhandenen Tumoren

Es gar nicht erst so weit kommen lassen

Nur eines ist noch besser als die frühzeitige Wahrnehmung von Stress-Symptomen – aber wohl leider unrealistisch: gar nicht erst in Stress geraten. Situationen wie die im Beispiel angesprochene lassen sich durchaus vermeiden. Zumindest ansatzweise könnte eine bessere Zeitplanung Astrid Weilen wirkungsvoll entstressen. Früher anfangen, mehr delegieren, Zeitpuffer einplanen, das wären denkbare Hilfen.

Gerade das Delegieren fällt in Stress-Situationen vielen Führungskräften schwer. Während etliche zu normalen Zeiten, sofern es diese noch gibt, ganz gut Aufgaben abgeben können, neigen sie im Stress dazu, vorher Delegiertes wieder an sich zu reißen. Da befürchten sie dann: Ob der Mitarbeiter das wohl richtig macht? Wenn ich es selbst mache, weiß ich wenigstens, dass es klappt. Oder: Bis ich dem das erklärt habe, hab ich es längst selbst erledigt. Für beide Befürchtungen lässt sich eine eindeutige Handlungsempfehlung geben: Die Führungskraft muss säen, bevor sie ernten kann. Es hat wenig Sinn, mit dem Delegieren erst unter Stress anzufangen. Dann hat der Vorgesetzte den Kopf nicht frei, fühlt sich unter Druck und kann dementsprechend nicht gut erklären. Der Mitarbeiter seinerseits wird angesteckt von der Anspannung und kann sich daher nicht so gut konzentrieren wie sonst. Das Scheitern ist programmiert, und die Führungskraft wird in der Ansicht bestätigt, dass es schneller und fehlerfreier geht, wenn sie nicht delegiert. Dabei liegt der Fehler im System: Delegieren muss zu normalen Zeiten und mit normalen Aufträgen beginnen, um auch unter Stress zu funktionieren und den Vorgesetzten zu entlasten.

Delegieren, gerade im Stress

Erfolgreiches Delegieren kann Sie im Stress wirkungsvoll entlasten. Aber der Effekt fällt nicht vom Himmel. Er ist die Ernte dessen, was Sie in stressarmen Zeiten gesät haben.

Basis für erfolgreiches Delegieren ist immer Vertrauen. Vertrauen, dass der Mitarbeiter das ihm Aufgetragene zur Zufriedenheit des Vorgesetzten erledigt, und zwar möglichst selbstständig. Vertrauen

Was man mir zutraut, das kann ich auch

muss langsam wachsen und braucht viele Möglichkeiten, in denen zwei Menschen miteinander positive Erfahrungen machen. Der Managementberater Reinhard K. Sprenger plädiert in seinem Buch *Vertrauen führt* für einen Vertrauensvorschuss von Seiten der Führungskraft, in der Praxis begegnen mir jedoch immer wieder ängstliche Vorgesetzte, die auf dem alten Standpunkt beharren: Der Mitarbeiter muss sich mein Vertrauen erst einmal verdienen, schließlich muss ich die Ergebnisse meines Teams auch nach oben vertreten. Diese Einstellung mag man bedauern, aber sie lässt sich nicht per Knopfdruck aus den Köpfen vertreiben. Übrigens braucht auch der Mitarbeiter Vertrauen: Vertrauen darein, dass der Vorgesetzte ihm klare Anweisungen und gleichzeitig genauso deutlich artikulierte Gestaltungsspielräume gibt – und dass er ihm nicht den Kopf abreißt, falls ein Auftrag etwas unorthodox ausgeführt wird. Eine Führungskraft muss bei der Auftragsvergabe auch nonverbal signalisieren: Sie schaffen das. Das wird den Mitarbeiter meistens beflügeln, denn für die Mehrzahl der Menschen gilt: Was man mir zutraut, das kann ich auch.

Selbst wenn Sie perfekt und vertrauensvoll delegieren können, werden Sie jedoch vermutlich immer wieder in Situationen geraten, die Sie als stressig erleben. In der Regel sind diese Situationen das Ergebnis von vielen kleinen Stressoren, die sich im Laufe eines Tages addieren. So ist es auch bei Astrid Weilen:

Für Astrid Weilen kommt es an diesem Nachmittag ganz arg: Nicht nur der Bericht ist nicht fertig, sondern auch der Drucker versagt seinen Dienst, der einzige technikverständige Mensch ist ausgerechnet heute beim Zahnarzt, und ständig klingelt das Telefon. Da ihre Assistentin gerade Urlaub hat, muss Frau Weilen die Anrufe selbst entgegennehmen. Als wäre das noch nicht genug, schüttet sie sich auch noch Kaffee über die neue weiße Hose.

Zehn Sekunden Kurzurlaub

Wenn wir unter Stress stehen, geht es uns wie einem Hamster im Rad. Wir neigen zum Tunnelblick, sehen nur, was alles vor uns liegt, und blicken nicht nach links oder rechts. Die Anspannung sorgt dafür, dass uns – wie Frau Weilen – Fehler passieren, die zusätzlich Zeit kosten. Ein sehr wirkungsvoller Tipp gegen diesen sich aufschaukelnden Stress: Verlassen Sie das Hamsterrad. Das muss nicht zeitaufwändig sein. Lehnen Sie sich fünf- bis sechsmal täglich für zehn Sekunden zurück, schließen Sie die Augen und denken Sie an irgendetwas ganz anderes, an Ihren letzten Urlaub zum Beispiel. Wenn Sie sich dabei kurz recken und strecken, tun Sie gleichzeitig etwas für Ihre Wirbelsäule, und der „Kurzurlaub" tut Ihrer Psyche gut.

Sie können sich auch die Fußsohlen massieren und sich darauf konzentrieren, welcher Fuß weniger verspannt ist. Oder Sie schauen in den Himmel und regen so Ihre Zirbeldrüse an. Sie können auch mit offenen Augen eine Hand auf den Bauch legen und sich, während Sie aus dem Fenster blicken, darauf konzentrieren, wie Ihre Atmung langsam die Bauchdecke hebt und senkt. Oder Sie bewegen sich zehn Sekunden lang in Zeitlupe und führen zum Beispiel ein Glas Wasser zum Mund. Das sollten Sie dann natürlich auch austrinken, fünf- bis sechsmal täglich – so sorgen Sie en passant dafür, dass auch Ihr Flüssigkeitshaushalt im Lot ist.

Hintergrund
Mindestens zwei Liter Flüssigkeit braucht der Körper pro Tag. Vor allem, wenn Sie in einem klimatisierten Gebäude arbeiten, ist es wichtig, die Schleimhäute regelmäßig mit Flüssigkeit zu versorgen. Wenn wir zu wenig trinken, merken wir das nicht unbedingt am Durstgefühl. Das ist bei vielen verloren gegangen. Aber die Konzentrationsfähigkeit lässt nach, ebenso die Kreativität, und häufig stellen sich unerklärliche Kopfschmerzen ein. Bei der Frage, ob Kaffee als Teil des Flüssigkeitshaushalts mitgezählt werden darf, scheiden sich derzeit die Geister. Jedenfalls sollten Sie nicht ausschließlich Kaffee trinken. Der beste Durstlöscher ist Wasser.

Solche bewussten Zäsuren, die ja insgesamt maximal eine Minute Ihres Arbeitstages ausfüllen, sind für Sie Gold wert. Indem Sie aus dem Hamsterrad aussteigen, distanzieren Sie sich innerlich vom Stress, Sie sind nicht mehr Opfer. In den zehn Sekunden fällt Ihnen zum Beispiel auf, dass Sie bislang erst einen Joghurt gegessen haben. Sie sorgen also besser für sich und Sie sind abends wesentlich weniger erschöpft, als wenn Sie ohne Pause durchgearbeitet haben.

11 Wie Sie auch im Stress gelassen bleiben

Stress protokollieren

Falls Ihnen Ihre Stressbewältigung ein bisschen mehr wert ist als bloß diese eine Minute pro Tag, lautet die wichtigste Empfehlung zum Umgang mit Stress: Protokollieren Sie ihn. Führen Sie ein so genanntes Stresstagebuch. Dazu legen Sie auf einem DIN-A4-Blatt quer fünf Spalten an. Die linke Spalte erhält die Überschrift: *Was hat mich in den letzten zwei Stunden gestresst?* Die vier Spalten daneben bekommen die (stichwortartigen) Überschriften: *Wie hat mein Körper reagiert? Was habe ich gedacht? Wie habe ich mich gefühlt? Wie habe ich mich verhalten?*

Diesen Bogen sollten Sie alle zwei Stunden hervorholen und ausfüllen. Nur daran zu denken genügt nicht. Sie müssen es aufschreiben, und zwar direkt bei der Arbeit. Wenn Sie genug Wasser trinken, müssen Sie ohnehin alle zwei Stunden aufs WC, und dort sind Sie mit sich und dem Bogen allein. Das ist wichtig, denn abends nach Feierabend erinnern Sie sich nicht mehr an Ihre Gedanken und Gefühle. Diese müssen frisch sein. Sie werden vielleicht einwenden, dass es viel Arbeit mache, so einen Selbstbeobachtungsbogen auszufüllen. Stimmt. Das sind etwa fünfzehn Minuten Mehrarbeit pro Tag. Dennoch ist dies die wirksamste mir bekannte Technik zur Stressbewältigung. Trotz des Mehraufwandes werden Sie für zwei Wochen den subjektiven Eindruck gewinnen, weniger Stress zu haben.

Garantiert weniger Stress

Dies ist einer der wenigen Tipps, bei denen Psychologen guten Gewissens eine Gelinggarantie geben können. Der so genannte Reaktivitätseffekt ist gut erprobt und findet sich in allen Kulturen der Welt; er tritt ein, wann immer Menschen ein von ihnen beeinflussbares Verhalten schriftlich protokollieren: Dann verändert sich das Verhalten in die sozial gewünschte Richtung. Leider wirkt dieser Effekt nicht länger als zwei, maximal drei Wochen. Dann lässt er nach. Damit der Tipp richtig gut wirkt, können Sie ihn höchstens alle drei Jahre wiederholen. Sie sollten also mindestens ein mittleres Stressniveau abwarten, um den Effekt voll ausschöpfen zu können und nicht in stressarmen Zeiten zu verschleudern.

> Protokollieren Sie Ihren Stress. Mit 99-prozentiger Wahrscheinlichkeit werden Sie sich weniger gestresst fühlen.

Ein Nebeneffekt des Protokollierens besteht darin, dass Sie sich selbst besser kennen lernen und frühzeitiger gegensteuern können. Sie fühlen sich nicht mehr als Opfer der Lage, sondern eher wie ein Forscher, der sein Objekt Stress unter die Lupe nimmt. Das gibt subjektive Kontrollgefühle, auch wenn sich an der Situation als solcher objektiv nichts ändert.

Ein weiterer wichtiger Entstresser und noch dazu ein sehr sympathischer ist Selbstlob. Situationen werden oft erst dadurch zum Stress, dass wir an uns zweifeln und denken: Das schaffe ich nie. Unter diesen Umständen fällt uns garantiert nicht ein, dass wir vor drei Wochen erst eine ähnliche Situation erfolgreich gemeistert haben. Stattdessen denken wir automatisch daran, wie wir einen vergleichbaren Auftrag vor vier Wochen in den Sand gesetzt haben. Es gehört zu den Eigentümlichkeiten von Stress-Situationen, dass sie in uns einseitig negative Gedanken aktivieren. Da ist es hilfreich, die Gedanken an vergangene Erfolge ganz bewusst hervorzuholen, etwa indem Sie eine Ankerbewegung machen (siehe Kapitel 5). Es gelingt auch gut, wenn Sie Ihre Zehn-Sekunden-Zäsur für ein ausgiebiges Selbstlob nutzen. Manchmal wird das glaubwürdiger, wenn Sie es aufschreiben. Den Zettel, auf dem steht, wie toll Sie sind, sollten Sie aber besser nicht offen herumliegen lassen.

Selbstlob entstresst

Wenn Ihnen doch einmal der Ton entglitten ist ...

Sie sind und bleiben in erster Linie Mensch – und erst Fehler geben Menschen ihr menschliches Antlitz. Wer aalglatt ist und jede Situation unter Kontrolle hat, den können wir nicht lieben oder auch nur leiden. Zu dem schauen wir auch nicht wirklich auf. Der ist uns eher unheimlich. Zur Menschlichkeit gehört in gewissem Maße auch Unzulänglichkeit. Sie können sich also, falls Sie in

Fehler machen menschlich

einer Stress-Situation einen Mitarbeiter unter der Gürtellinie getroffen haben, sagen, dass Sie das menschlich macht. Das ändert erst einmal noch nichts an der Situation, und natürlich sollen Sie sich nicht darauf ausruhen. Schließlich gibt es genug kränkende oder cholerische Chefs, die der Meinung sind: Ich bin eben so, und so müssen meine Leute mich akzeptieren. Diese Einstellung möchte ich Ihnen beileibe nicht nahelegen. Aber die Besinnung darauf, dass Fehler menschlich machen, bildet die Basis für die darauf aufbauenden Verhaltensweisen (siehe Kapitel 4).

Fragen Sie sich als Nächstes, was Ihr Verhalten im Mitarbeiter ausgelöst hat. Versetzen Sie sich in ihn hinein. Wenn Sie wissen, was an Ihrer Äußerung den anderen verletzt haben könnte, wird er Ihre Entschuldigung als glaubwürdiger empfinden. Entschuldigen Sie sich stets bald nach Ihrem Ausrutscher. Warten Sie nicht, bis sich eine gute Gelegenheit ergibt. Es gehört zur menschlichen Natur, unangenehme Gespräche möglichst bis zum Sankt-Nimmerleinstag aufzuschieben. Als authentische Führungskraft warten Sie nicht, bis Sie völlig entspannt sind, sondern Sie gehen auch mit Herzklopfen ins Gespräch. Das Gegenüber darf ruhig sehen, dass Sie kein emotionsloser Klotz sind. Sie sollen sich nicht klein machen, aber deutlich aussprechen, dass Sie einen Fehler gemacht haben. Ein „Tschuldijung wejen vorhin" dürfte in den seltensten Fällen ausreichen. Sagen Sie stattdessen klar, dass Ihnen der Ton entglitten ist, was Ihnen jetzt leidtue. Natürlich können Sie zu Ihrer Entlastung Sätze vorbringen wie: „Sie haben ja gesehen, vorhin war hier Land unter wegen des Kunden Ypsilon, da war ich verdammt im Stress." Aber der Kunde sollte nicht als Vorwand herhalten; nicht er war schuld an Ihrem Fauxpas.

Fehler eingestehen bringt Respekt

Kein Mensch gibt gerne Fehler zu. Aber jeder Mensch hat schon die Erfahrung gemacht – zumindest hoffe ich das für Sie –, dass das Eingestehen von Fehlern beim Gegenüber für Respekt sorgt. Falls sich Ihr Chef schon einmal bei Ihnen entschuldigt hat, und das soll es tatsächlich geben, dann werden Sie ihn daraufhin sicher nicht verachtet haben angesichts seiner Unzulänglichkeit, sondern Ihre Reaktion wird Respekt gewesen sein – Respekt dafür, dass er sich getraut hat, Sie, seinen Untergebenen, um Entschuldigung zu bitten.

Sie können darauf bauen, dass sich dieser Effekt auch bei Ihrem Mitarbeiter einstellen wird. Er wird Ihnen danach mit mehr statt mit weniger Respekt begegnen. Die meisten Menschen haben Hochachtung für dieses unter Vorgesetzten leider nicht weit verbreitete Verhalten.

> Um-Entschuldigung-Bitten wird Ihnen nicht als Schwäche ausgelegt, sondern als Zeichen von Stärke und Authentizität. Nur selbstwertschwache Menschen können nicht um Verzeihung bitten.

Ein weiterer positiver Nebeneffekt des Sich-Entschuldigens liegt darin, dass Ihre Leute (die Geschichte wird sich herumsprechen) sich danach auch eher trauen werden, Ihnen gegenüber Fehler zuzugeben, statt sie zu vertuschen. Entschuldigungen fördern das gegenseitige Vertrauen. Sie wollen doch sicherlich ein Team leiten, in dem ein Klima von Offenheit und Vertrauen herrscht.

Neben der Entschuldigung (hinterher) gibt es noch einen weiteren Faktor, mit dem Sie die Konsequenzen Ihres Gestresstseins (vorbeugend) in Grenzen halten können: Wenn Ihre Mitarbeiterinnen und Mitarbeiter Sie kennen, Sie also vorher schon authentisch und durchschaubar geführt haben, dann wissen Ihre Leute auch in Stress-Situationen, woran sie mit Ihnen sind. Je mehr Sie – auch außerhalb von Stresszeiten – Ihr Gesicht zeigen, desto leichter werden Ihre Mitarbeiter Verständnis für Sie haben, wenn Sie einmal angespannt sind. Sich durchschaubar machen, Gesicht zeigen, das kann sich in Sätzen äußern wie: „Sorry, am besten lassen Sie mich heute in Frieden. Sie sehen ja, dass es mir bis zum Anschlag steht." Stehen Sie zu Ihrem Stress – auch das macht Sie menschlich.

Sich durchschaubar machen

11 Wie Sie auch im Stress gelassen bleiben

Kompakt

Tipps, wie Sie auch im Stress gelassen bleiben

- Sensibilisieren Sie sich für Ihre körperlichen Alarmsignale, damit Sie deren Warnfunktion frühzeitig nutzen können.
- Üben Sie das Delegieren in stressarmen Zeiten. So haben Sie auch unter Stress das nötige Vertrauen in Ihre Mitarbeiter.
- Verlassen Sie fünf- bis sechsmal täglich für zehn Sekunden das Hamsterrad: Beschäftigen Sie sich in dieser Zeit (in der Summe ist das nur eine Minute) mit irgendetwas anderem als der Arbeit und gehen Sie so zu ihr auf Distanz.
- Entlasten Sie sich von dem Druck, allzeit ausgeglichen sein zu müssen: Als authentische Führungskraft wissen Ihre Leute Sie auch im Stress zu nehmen, denn sie kennen Sie. Vertrauen Sie darauf.

12 Wie Sie nach Feierabend richtig abschalten

Kerstin Bacher freut sich: Endlich Feierabend! Beim Abschließen der Bürotür fällt ihr ein, was sie auf dem Heimweg noch einkaufen möchte. Im Supermarkt ist es recht voll. Während Frau Bacher in der Schlange vor der Kasse steht, schießt ihr durch den Kopf, dass sie der neuen Auszubildenden morgen unbedingt einen Plan für die nächsten zwei Monate erstellen muss. Sonst schafft die ihre Prüfung nie. Der Weg nach Hause ist mühsam – Staus und rote Ampeln zuhauf. Währenddessen denkt Kerstin Bacher an Geburtstagsgeschenke für ihren Mann und an ihre Präsentation in der nächsten Woche. Hoffentlich ist der Ressortleiter diesmal zufrieden mit ihrem Bericht. Daheim erwarten sie ihre beiden halbwüchsigen Kinder. Die fordern die ganze Frau, und Gedanken an den Job sind erst einmal wie weggeblasen. Der Rest des Abends ist ausgefüllt mit Gesprächen über Hausaufgaben, über die Arbeit ihres Mannes, ein paar Geschichten aus ihrem Büro und einem Krimi. Um 23 Uhr fällt Kerstin Bacher erschöpft ins Bett und freut sich auf erlösenden Schlaf. Doch kaum befindet sie sich in der Waagerechten, ist der Job wieder da. Sie grübelt über dies und das, Szenen des Bürotages tauchen vor ihrem geistigen Auge auf und lassen sie nicht zur Ruhe kommen. Sie wälzt sich hin und her, ärgert sich über sich selbst und fällt erst gegen drei Uhr in einen unruhigen Schlaf.

Was Kerstin Bacher widerfährt, erleben viele Menschen (nicht nur Führungskräfte) nach Feierabend: eine mehr oder weniger unsystematische Fortsetzung dessen, womit sie sich tagsüber beschäftigt haben. Ständig blitzen Gedanken an den Job auf. Ein besonders krasses Beispiel erlebte ich in einem Seminar:

Ein Vorgesetzter klagte über Schlafstörungen. Er sollte daraufhin seinen Feierabend schildern und erzählte, dass er kurz vor dem Zubett-

gehen im Schlafanzug per Webmail seine E-Mails abfragt, damit ihn am nächsten Tag im Büro nicht der Schlag trifft. Als letzte Amtshandlung des Tages fährt er dann den PC herunter und lässt sich vom Stuhl ins Bett gleiten, das direkt daneben steht.

Es verwundert kaum, dass dieser Mann Probleme mit dem Einschlafen hat. Er verlangt von seinem Körper ein Umschalten von 100 auf 0. Das kann nicht funktionieren. Wir sind nicht dafür gemacht, derart konsequent den Hebel umzulegen. Wir benötigen einen deutlichen Schnitt zwischen Arbeit und Freizeit.

Sie brauchen ein Kontrastprogramm

Wechsel der Tätigkeiten

Was der Mann im letzten Beispiel und auch Kerstin Bacher brauchen, ist ein Kontrastprogramm, etwas ganz anderes als ihren Job, das alle Gedanken an die Arbeit vertreibt. So wie Frau Bacher ihren Feierabend angeht, mogelt sich der Job doch immer wieder in ihre Gedanken, und offenbar unterbindet sie dieses Durcheinander in ihrem Kopf auch nicht. Dabei kann man das durchaus lernen. Machen Sie Ihrer Psyche das Umschalten leicht, indem Sie konsequent zwischen Abschalten und Anschalten unterscheiden. „*Strebe nach Ruhe, aber nicht durch Stillstand, sondern durch den Wechsel deiner Tätigkeiten*", empfahl schon Schiller. Und er hatte Recht. Wichtig ist, dass Ihre Freizeitaktivitäten konsequent anders aussehen als Ihr Arbeitsalltag. Wenn Sie einer überwiegend sitzenden Tätigkeit nachgehen, sollte in Ihrer Freizeit Bewegung angesagt sein. Sind Sie dagegen im Job körperlich sehr aktiv, so dürfen Sie sich nach Feierabend schonen und dem Couch-Potato-Dasein frönen. Dies trifft vermutlich auf die wenigsten Leserinnen und Leser zu – für die meisten ist Aktivität nötig.

Ausdauertraining sinnvoll

Insbesondere Ausdauersport kommt beim Abschalten eine bedeutende Rolle zu. Wenn wir tagsüber unter Stress stehen, ist ein Abbau von Stresshormonen nach Feierabend wichtig. Dieser vollzieht sich besonders leicht über moderates (!) Ausdauertraining. Hierbei ist all das gefordert, was wir tagsüber unfreiwillig an Symptomen produziert haben, aber gar nicht wollten: Herzklopfen, Schwitzen, Muskelanspannung, schnelles Atmen. Wenn Sie abends diese Sympto-

Sie brauchen ein Kontrastprogramm

me freiwillig hervorrufen, indem Sie körperlich aktiv werden, tun Sie das, wonach es Ihren Körper verlangt – auch wenn die Psyche das manchmal anders sieht und ein Abend vor dem Fernseher allemal verlockender erscheint als eine Runde durch den nebelfeuchten Wald. Vielen hilft übrigens ein geräuscharmes Heimtrainingsgerät (zum Beispiel ein Crosstrainer vor dem Fernseher) dabei, einen Kompromiss zu finden.

Unsere körperliche Stressreaktion ist ein Relikt aus der Zeit, als wir noch gegen Säbelzahntiger gekämpft haben: Damals brauchten wir diese Fähigkeit, in kurzer Zeit aktiviert zu sein, fürs Kämpfen oder Fliehen. Die Bereitstellung von Blutzucker und Stresshormonen war überlebenswichtig – für die Bewegung, die dann erfolgte. Heute jedoch stehen wir mit diesen Überresten aus unserer Vorvergangenheit ziemlich dumm da: Im Umgang mit dem schimpfenden Chef oder dem schwierigen Kunden nützt es uns nichts, wenn die Muskeln gut durchblutet sind, wir anfangen zu schwitzen, unser Kopf knallrot wird und wir einen trockenen Mund haben. Im Gegenteil: Statt bewegungsbereit zu sein, wären wir lieber kühl und gelassen. Da wir nun aber mit dieser Uralt-Hardware durchs Leben gehen müssen, sollten wir häufiger laufen. Unser Körper schreit nach Bewegung, gerade an hektischen Tagen – geben wir ihm, was er braucht.

Viele müssen das Erholen regelrecht lernen – während sie es als Kind gut beherrschten. Als Erwachsene befinden wir uns mehr oder weniger dauerhaft in einem Zustand der Anspannung. Der von Natur aus für uns vorgesehene Rhythmus, ein Wechsel von Anspannung und Entspannung, wird dadurch erschwert. Wir laufen sozusagen in einem Daueraktivierungsprogramm. Nur dass wir eben nicht laufen, sondern sitzen. Die Natur plante ja – wenn wir ihr eine Absicht unterstellen –, dass wir mit vereinten Kräften den Säbelzahntiger erlegen, ihn zur Höhle schleppen, ihm das Fell abziehen, ihn filettieren, aufspießen und übers Feuer hängen. Und während er langsam gar wird, sah die Natur vor, dass wir mit den Kindern spielen und die Höhlenwände bemalen. Dann essen wir, haben Sex und schlafen. Schluss. Wir modernen Menschen dagegen erlegen den Säbelzahntiger, setzen uns zum Beispiel mit einem schwierigen Kunden auseinander, und kaum ist das erledigt, da

Daueraktivierung schadet

suchen wir schon den nächsten Säbelzahntiger, sprich: Wir machen uns an die nächste Herausforderung, und dann an die übernächste und so weiter.

Nach Feierabend laufen wir weiterhin auf Hochtouren, auch wenn die meisten eben nicht laufen, sondern adrenalinüberströmt und aderverengt auf der Couch sitzen. Um Mitternacht hätten wir dann gern einen Programmwechsel. Der muss sich aber schon vorher vollziehen, wenn unser Feierabend erholsam sein soll. Der Bürotäter braucht häufig etwas, das er mit den Händen erarbeiten kann. Der körperlich Arbeitende sucht nach Feierabend geistige Herausforderungen. Wer mit Menschen umgeht, probt den Rückzug, der allein vor sich hin Werkelnde sucht Anschluss. Wer tagsüber Hektik hat, braucht abends Stille und Verlangsamung. Wessen Tage mit kreativen Tüfteleien ausgefüllt sind, der sucht nach Feierabend vielleicht eher Routinetätigkeiten oder sportliche Wettkämpfe. Wenn der Feierabend „mehr desselben" ist, kann er keine Erholung bringen – Erholung heißt Kontrastprogramm.

> **Abwechslung ist angesagt! Gestalten Sie Ihren Feierabend bewusst als Gegenpol zu den Aktivitäten, die Ihren Arbeitstag ausfüllen. Je stärker sich Arbeitstag und Feierabend unterscheiden, als desto erholsamer werden Sie Ihren Feierabend erleben.**

Bildschirme abschalten Kontrastprogramm, das bedeutet für die meisten auch: Weg vom Bildschirm. Kaum ein Beruf kommt heute ohne Monitore aus. Da wird der halbe Tag oder mehr vorm PC verbracht, abends werden vielleicht noch am Laptop private E-Mails beantwortet, und danach ist es der Fernsehbildschirm, der einen in den Bann zieht. Das Gehirn muss vor allen drei Monitoren visuelle Reize verarbeiten. Die sitzende Haltung ist identisch. Auch die Augen halten dabei jeweils über längere Zeit einen identischen Abstand ein, Tiefensehen ist nicht gefordert. Dass die letzten beiden Bildschirme gleichbedeutend sein sollen mit Feierabend, ist für Körper und Psyche schwer verständlich, denn die Zustände ähneln einander zu stark. Richtiges Abschalten sieht anders aus. In einem ersten

Schritt können Sie diesen Satz sogar wörtlich nehmen: Schalten Sie ab – alle Bildschirme. Dann kann auch Ruhe in Ihrem Gehirn einkehren.

Fernsehen schafft Zerstreuung, Ablenkung. Dabei muss aber das Gehirn weiterhin Reize verarbeiten. Wenn Sie sich erholen wollen, sollten Sie Ihrem Gehirn Erholung gönnen – nicht durch noch mehr, lautere, buntere Reize, sondern durch Konzentration als natürlichen Gegenpol zur Reizüberflutung. Stille ist für viele Menschen eine Erholungsgarantie. Der bewusste Verzicht auf Reizvielfalt öffnet den Blick für das Wesentliche. Zum Beispiel schmeckt das Essen ohne Zeitung und Radiobegleitung oft intensiver. Machen Sie eins nach dem anderen: erst essen, dann Zeitung lesen, dann Musik hören. Das kostet Zeit, aber es holt einen auch auf angenehme Weise heraus aus dem Hamsterrad und erlöst von der beunruhigenden Verpflichtung, in immer kürzerer Zeit immer mehr Informationen aufnehmen zu sollen.

Kein Multitasking

Wenn Sie arbeiten, arbeiten Sie – und nur dann. Das ist ein probates Mittel, um der Psyche das Schalterumlegen zu erleichtern. Wenn Sie Feierabend haben, sollte das Handy ausgeschaltet sein. Notfalls lassen sich vielleicht bestimmte Sprechzeiten einrichten, zu denen Sie auch nach Feierabend erreichbar sind. Aber diese Zeiträume sollten vorher festgelegt, Ihren Gesprächspartnern bekannt und in jedem Fall begrenzt sein.

Erreichbarkeit begrenzen

Gleiches gilt für den Urlaub. Ich habe schon erlebt, wie auf Teneriffa ein Mann mit dem Handy am Strand stand und laut hörbar für alle Urlauber mit seinem Team daheim telefonierte. Zufällig arbeitete er für ein Unternehmen, für das auch ich damals als externe Beraterin tätig war. So hat er nicht nur fahrlässig Interna ausgeplaudert – der ganze Strand konnte mithören, es war windstill in der Bucht –, sondern ganz sicher seine Erholung zunichte gemacht und auch die seiner Frau ruiniert. Sie werden mir sicher zustimmen: Ein Vertrauensbeweis an sein Team war es nicht, dass er sogar von Teneriffa aus die Geschicke in Deutschland lenken wollte. Professionelles Führungsverhalten sieht anders aus.

12 Wie Sie nach Feierabend richtig abschalten

Checkliste:
Halten Sie arbeitsfreie Intervalle ein?
- Ist Ihr Job-Handy nach Feierabend ausgeschaltet? Oder kann man Sie rund um die Uhr mit Arbeit behelligen? Falls Erreichbarkeit unverzichtbarer Bestandteil Ihrer Arbeit ist (bitte kein Selbstbetrug!): Nutzen Sie Ihre ständige Erreichbarkeit manchmal als Fluchtmöglichkeit? Schränken Sie sie im Rahmen Ihrer Möglichkeiten ein?
- Unterlassen Sie es, von daheim zu arbeiten? Oder nehmen Sie sich abends oder übers Wochenende Arbeit mit?
- Können Sie im Urlaub Ihr Team Team sein lassen? Haben Sie Vertrauen in Ihre Leute, oder erkundigen Sie sich, ob alles rund läuft?

Zeiträume blocken

Falls es nicht anders geht und beispielsweise das Arbeiten am Wochenende für Sie wirklich unverzichtbar ist, sollten Sie die Zeiträume hierfür blocken und mit der Familie absprechen. So hat es sich für viele Führungskräfte bewährt, sich vor dem Sonntagsfrühstück oder während des Tatort-Krimis zurückzuziehen und beispielsweise einen Blick in die E-Mails zu werfen, um am Montagmorgen entspannt in die Woche starten zu können. Dies wird von vielen als Entstressungsfaktor bewertet und ist so lange in Ordnung, wie die Zeiträume befristet sind und die Familie mitspielt. Sobald aber der Partner oder die Partnerin klagt, dass man Sie gar nicht mehr zu Gesicht bekomme, sollte bei Ihnen eine Alarmlampe angehen. Keine Arbeit der Welt ist es wert, dass Sie darüber Ihre Familie aufs Spiel setzen.

Schaffen Sie Klarheit für Ihre Psyche

Seit 2002 befrage ich Menschen in unterschiedlichen Unternehmen und auf verschiedenen Hierarchiestufen, was ihnen beim Abschalten hilft. Hier folgt eine Zusammenstellung von in der Praxis erprobten Empfehlungen.

Haken setzen

Wer gut abschalten kann, fängt damit meist schon im Büro an. Es ist empfehlenswert, noch am Schreibtisch in Gedanken durchzugehen, was am Tag passiert ist. Führungskräfte haben oft den Eindruck, eigentlich zu gar nichts gekommen zu sein, weil sie ständig gestört wurden und ein Meeting sich ans nächste reihte. Die Gefahr ist groß, dann unbefriedigt nach Hause zu gehen. Das ruiniert den Feierabendgenuss. Ein kleiner, psychologisch hoch wirksamer Trick sieht so aus: Man erstellt im Nachhinein eine Liste mit den Tätigkeiten, die man am Tag erledigt hat, und macht einen Haken hinter jeden Posten. Das gaukelt der Psyche vor, dass es sich bei dem Schreiber um einen unglaublich aktiven und zielstrebigen Menschen handelt.

Die Idee mit der Liste ist auch in einem anderen Kontext empfehlenswert: Eine Übersicht über das, was morgen zu erledigen ist, sorgt für Klarheit im Kopf und strukturiert auf beruhigende Weise den nächsten Tag. Viele erfolgreiche Abschalter räumen den Schreibtisch auf und machen auch sonst auf die eine oder andere Weise klar Schiff, ehe sie den Arbeitsplatz verlassen. Da wird noch der Müll entsorgt, die Pflanze gegossen, die Besprechungsecke zurechtgerückt. Das gibt ein gutes Gefühl für den Nachhauseweg und erleichtert die Rückkehr am nächsten Tag. Niemand kommt gern schon morgens in ein Chaos.

Als Nächstes folgt sinnvollerweise eine Tätigkeit, mit der Sie regelmäßig Ihren Arbeitstag abschließen. Sie fahren den PC herunter, Sie schließen Ihre Bürotür ab oder Sie stecken Ihre Flextime-Karte in den Apparat. Kommentieren Sie dies an jedem Tag mit demselben Gedanken, zum Beispiel ausatmend „Ffffffff Feierabend", und dabei lassen Sie die Schultern fallen. Wenn Sie das über einen Zeitraum von drei Wochen, also fünfzehn Arbeitstagen, konsequent angehen, entsteht nach Ansicht einiger Hirnforscher in Ihrem Gehirn eine neue Synapsenverschaltung. Auf jeden Fall schaffen Sie auf diese Weise für Ihre Psyche einen Schlüsselreiz, einen Anker (siehe Kapitel 5). Er signalisiert: Jetzt ist Feierabend. Das funktioniert aber nur, wenn Sie dabei konsequent sind. Wenn Sie achtmal denken „Ffff Feierabend" und beim neunten Mal „Und jetzt Tante Ulla anrufen", dann verwischen Sie die Verschaltung wieder und fallen quasi auf Tag null zurück.

Feierabend-Schlüsselreiz

Viele Abschaltkünstler drehen im Auto erst einmal laut die Musik auf und schaffen auf diese Weise für ihre Ohren eine andere Welt. Manche dagegen legen gerade auf Ruhe besonderen Wert. Es scheint auch hilfreich zu sein, auf der Heimfahrt noch einmal den Tag in

Rituale geben Sicherheit

Gedanken durchzugehen. Wer mit öffentlichen Verkehrsmitteln nach Hause fährt, taucht oft durch spannende Lektüre in eine neue Welt ein. Zu Hause angekommen, haben dann viele ihre eigenen Rituale, also Verhaltensweisen, die an jedem Tag gleich sind: Das Lösen der Krawatte oder das Ablegen des Schmucks oder der Uhr begleiten sie abermals mit dem gedanklichen Kommentar „Feierabend". Viele ziehen sich um, gehen eine Runde joggen oder mit dem Hund spazieren.

Die meisten tauschen sich mit dem Partner oder der Partnerin bei einer Tasse Kaffee oder Tee darüber aus, wie ihr Tag gewesen ist. Damit reden sie sich vieles von der Seele, auch Ärger oder andere ungute Gefühle. So können sie das Gewesene leichter loslassen. Solch ein wechselseitiger Austausch ist aus psychologischer Sicht sinnvoll, sofern er zeitlich begrenzt ist und nicht vor dem Krimi oder nach den Tagesthemen noch weitere Erzählungen folgen. Sie erkennen sicherlich das Prinzip, das diesen Empfehlungen zugrunde liegt: Bier ist Bier und Schnaps ist Schnaps – entweder Arbeit oder Freizeit. Nur als Übergang gibt es eine Phase, in der beides sich überlappen darf. So schaffen Sie für Ihre Psyche klare Verhältnisse.

Wenn Ihnen nach Feierabend doch noch etwas von der Arbeit durch den Kopf geht: Schreiben Sie es auf! Dann ist es heraus aus dem Kopf, denn es steht auf dem Papier. Sie werden wieder Herr über Ihren Kopf, weil Sie bestimmen, wann Ihnen welche Gedanken durchs Hirn spuken. Das gibt ein wohltuendes Gefühl von Kontrolle.

Gesundheitsschutz in Krisenzeiten Egal, welche Rituale Sie pflegen: Sie sind wertvoll. Man weiß inzwischen, dass Rituale die Gesundheit schützen. Menschen, die täglich zwei, drei Dinge am selben Punkt im Tagesablauf tun (es muss nicht unbedingt dieselbe Uhrzeit sein), durchstehen Krisenzeiten wesentlich gesünder als Menschen, deren Tage allesamt unterschiedlich ablaufen. Wenn etwa die Eltern pflegebedürftig werden oder der Partner die Arbeit verliert, scheint für viele Menschen die ganze Welt zusammenzubrechen. Rituale, die man vorher schon gepflegt hat, vermitteln demgegenüber, dass manche Dinge die Zeiten überdauern, indem sie bleiben, wie sie sind. Solche

ORGANISATIONSBERATUNG   PERSONALENTWICKLUNG   SUPERVISION

GRÜN · DORANDO & PARTNER

- 2 -

2 stressarme Zeit
säe, i- Stress ernte

Erhraltige ... S. 130

Stabilität wirkt beruhigend und gibt Sicherheit. Dazu ein drastisches Beispiel:

Ein junger Manager berichtete in einem Seminar, dass vor einem halben Jahr seine Frau an Krebs gestorben sei. Er meinte, er hätte diese sechs Monate nur deshalb überstanden, weil er ein Ritual immer schon gepflegt hätte. Und zwar hatte er sich angewöhnt, seit seinem ersten Tag im Unternehmen täglich nach der Arbeit joggen zu gehen. Es sei nicht das Joggen als solches gewesen, das ihm über die schwere Zeit hinweggeholfen habe (was man ja vermuten könnte nach allem, was man über die Segnungen von Ausdauersport inzwischen weiß), sondern das Ritualhafte habe ihm geholfen – nämlich das Wissen, dass wenigstens eine Sache nach ihrem Tod genauso war wie zu ihren Lebzeiten: dass also wenigstens das Joggen Konstanz hatte, wenn schon die Welt für ihn in Trümmern lag und Zukunftsentwürfe begraben werden mussten. Damit schilderte er, was aus vielen Studien inzwischen bekannt ist: Rituale haben eine gesundheitsschützende Wirkung, sofern man sie bereits vor Beginn der Krisenzeiten gepflegt hat.

Unsere Psyche braucht Struktur und Stabilität. Wo die nicht von selbst vorhanden ist – und das ist heutzutage höchstens noch bei Landwirten der Fall –, müssen Sie sie schaffen, zum Beispiel durch Listen und Rituale.

Schlafen Sie gut

Falls Sie, wie Kerstin Bacher, nachts ins Grübeln verfallen, sollte in Ihrem Innern eine rote Alarmlampe angehen. Vielleicht ist es sogar schon eine Stufe ärger? Sie schlafen vor lauter Erschöpfung sofort ein, wachen aber mehrere Stunden vor dem Weckerklingeln auf und denken prompt an Ihren Job? Wenn Ihnen dies mehrfach über Wochen hinweg passiert – zwei-, dreimal ist das kein Problem –, dann ist dies ein starkes Warnsignal, um die Notbremse zu ziehen und die Tagesabschlussarbeit systematischer anzugehen. Schließlich wollen Sie nicht, dass sich Schlafstörungen dauerhaft in Ihrem Leben einnisten.

12 Wie Sie nach Feierabend richtig abschalten

Systematische Tagesabschlussarbeit

Eine gezielte Tagesabschlussarbeit erfordert zunächst Zeit, die aber gut investiert ist. Sie umfasst folgende Punkte:

- Wie oben beschrieben gehen Sie zu Büroschluss den vergangenen Tag noch einmal durch und bereiten den kommenden vor, und zwar beides schriftlich.
- Es folgt das erste Tagesabschlussritual mit gedanklichen Feierabend-Kommentaren.
- Auf der Heimfahrt durchdenken Sie den abgelaufenen Tag. Sagen Sie sich: Mit jedem Kilometer entferne ich mich weiter vom Arbeitsort und komme näher an mein Zuhause.
- Zu Hause angekommen, pflegen Sie Ihre Feierabendeinleitungsrituale, zum Beispiel durch entsprechende Gedanken beim Ausziehen des Jacketts oder beim Ablegen der Uhr.
- Sie tauschen sich mit Ihrem Partner oder Ihrer Partnerin bei einer Tasse Tee kurz über Ihren Tag aus. Anschließend gestalten Sie Ihren Feierabend bewusst konträr zu Ihrer Arbeitstätigkeit.
- Eine Stunde vor dem Schlafengehen setzen Sie sich außerhalb des Schlafzimmers mit Zettel und Stift hin und schreiben auf, was Ihnen noch an Tagesresten durch den Kopf geht; auch Gefühlsreste. Den Zettel können Sie danach zerreißen und ins Kaminfeuer werfen oder im Klo herunterspülen

Als Frau Bacher von diesen Tipps hört, leuchten ihr die meisten spontan ein. Sie möchte viele direkt in die Tat umsetzen – außer den letzten Hinweis: Das Aufschreiben von Tagesresten vor dem Einschlafen schreckt sie ab. Erstens sieht sie dadurch ihren Feierabend beschnitten und zweitens fürchtet sie, von den Tagesresten aufgewühlt zu werden und dann erst recht nicht einschlafen zu können. Sie lässt sich schließlich doch auf diese Empfehlung ein. Probehalber möchte sie herausfinden, ob es stimmt, was sie im Seminar hört: dass das Aufgewühlt-Sein nach spätestens zehn Tagen nachlässt und die Schlafqualität sich verbessert. Der Versuch gelingt, Kerstin Bacher ist stolz auf ihre Experimentierfreude und schickt der Seminarleiterin eine Dankesmail.

Befürchten Sie nicht, dass die Aufschreibaktion Sie vor dem Schlafengehen aufwühlen wird. Das wird sie am Anfang ganz sicher, aber erfahrungsgemäß nur für maximal zehn Tage. Danach werden Sie leichter einschlafen und besser durchschlafen.

Apropos Schlafen: Fürs Schlafen gilt dasselbe wie fürs Abschalten. Letztlich ist Schlafen ja nur die gesteigerte Form des Abschaltens. Das heißt: Sorgen Sie auch hierbei konsequent für eine Trennung der Zustände und legen Sie sich ein Einschlafritual zu.

Einschlafritual durchführen

Checkliste:
„Einschlafen und Durchschlafen für Anfänger"
- Beenden Sie den Tag immer in derselben Reihenfolge: Gehen Sie etwa mit dem Hund hinaus, dann in die Küche, ins Kinderzimmer, ins Bad und schließlich ins Schlafzimmer.
- Waschen Sie in Ihrer Vorstellung mit dem „Dreck" den Tag von sich ab, und streifen Sie mit dem Pyjama den Schlaf über.
- Lassen Sie mit den Pantoffeln auch den Tag vor Ihrem Bett stehen; ziehen Sie die Füße erst unter die Decke, wenn das geklärt ist.
- Legen Sie sich für Notfälle einen Zettel und einen Stift ans Bett, damit Sie wichtige Gedanken direkt notieren können, sofern diese wider Erwarten doch kommen sollten.

Bei Schlafgestörten ist häufig die Trennung von Schlafen und Liegen aufgehoben. Schlafgestörte liegen häufig, wenn sie nicht schlafen, zum Beispiel weil sie grübeln. Und sie schlafen häufig, wenn Sie nicht liegen, zum Beispiel im Sessel. Damit die von der Natur vorgesehene Kopplung von Liegen und Schlafen wieder hergestellt wird, ist Konsequenz gefragt: Wer länger als (geschätzte!) 30 Minuten wach im Bett liegt, sollte aufstehen und sich in einem anderen Zimmer so lange still beschäftigen, bis sich erneut Schlafdruck einstellt. Im Schlafzimmer sind aus schlafpsychologischer Sicht nur Schlafen und Sex erlaubt, also kein Fernsehen, kein Lesen und kein Spielen mit dem Haustier. Gelesen wird nur im Sitzen, vor dem Fernseher wird nicht geschlafen.

Wer im Durchschnitt erfahrungsgemäß nur sechs Stunden pro Nacht schläft, der sollte auch nur sechs Stunden pro Nacht liegen. So muss sich der Körper den Schlaf holen, den er braucht. Auf diese Weise wird der ehemals in viele Stücke fragmentierte Schlaf wieder kompakter, und der Tiefschlaf rückt innerhalb der Nacht wieder nach vorne. Ein Problem von Schlafgestörten liegt darin, dass sie zu Beginn der Nacht viele oberflächliche Mini-Schlafe haben. Erst gegen Morgen fallen sie in den eigentlich erholsamen

Liegezeit begrenzen

Tiefschlaf. Sätze wie „Endlich habe ich richtig geschlafen, und da klingelte der Wecker" decken sich also mit dem, was Schlafforscher im Labor messen können. Wenn Sie Ihrem Körper weniger Liegezeit gönnen, wird er nach einer leider quälenden Übergangszeit den Tiefschlaf wieder nach vorne holen. Dadurch wird der Schlaf insgesamt als erholsamer empfunden.

> **Hintergrund**
> Der deutsche Schlafforscher Professor Jürgen Zulley hat herausgefunden, dass jeder Mensch – unabhängig von den fünf bis sieben REM-Schlaf-Zyklen – pro Nacht etwa 38-mal aufwacht. Wir erinnern uns daran nicht, sofern wir in den nächsten drei Minuten wieder einschlafen. Auch das ist ein Relikt aus der Urzeit: Damals mussten sich die Menschen aus Überlebensgründen ständig versichern, dass sich ihrem Schlafplatz kein gefährliches Tier näherte. Wenn ein Normalschläfer erwacht, stellt er fest: Die Lage ist ruhig, ich kann weiterschlafen. Ein Schlafgestörter hingegen denkt sofort daran, was er am nächsten Tag erledigen muss und dass er, um ausgeschlafen zu sein, unbedingt sofort einschlafen müsse. Er regt sich auf, regt damit seinen Kreislauf an, das Herz schlägt schneller – damit sind die drei Minuten vorüber und der Schlaf ist für diesen Menschen verloren. Zulley empfiehlt daher: „Wann immer Sie nachts erwachen, sagen Sie sich, das ist ganz normal. Das passiert 38-mal pro Nacht."

Nehmen Sie diesen Rat ernst. Kuscheln Sie sich in die warmen Kissen und freuen sich, dass Sie noch nicht aufstehen müssen. Und dann denken Sie sich dösig wieder in den Schlaf, lassen einfach los: „Die Kissssen ... sind gannnnz waaaarm ... die Deckkkkke ... isssst gaaaannnnnz kuschschschlig ... der Schlaaaf kommt lannnngsam wieder ..."

Noch ein Wort zur Abschalthilfe Alkohol. Natürlich erleichtert ein Glas Bier oder Wein das Abschalten. Auch das Einschlafen wird erleichtert. Aber das hat seinen Preis. Die Schlafqualität ist geringer, da die Tiefschlafphase durch den Alkohol erschwert und verkürzt wird. Am nächsten Morgen ist das Befinden entsprechend beeinträchtigt, so dass man angeschlagen in den Tag startet.

Sie sind nicht James Bond

Angenommen, Sie beherzigen alle hier genannten Tipps und Empfehlungen – und Sie können dennoch nicht abschalten. Dann liegt die Ursache vermutlich tiefer.

Vielleicht Sie sind bereits ausgebrannt, Ihre Kräfte erschöpft, weil Sie sich in der Vergangenheit pausenlos intensiv engagiert haben, vor allem emotional? Sie haben mit Mitarbeitern mitgelitten, sich aufgerieben, sich keine Erholung gegönnt? Auch wenn es Ihnen dabei gut ging und Sie sich wohlgefühlt haben, ist zu viel irgendwann zu viel. Das merken Sie daran, dass Sie nur noch Ärger verspüren oder – als nächste Stufe – im Gegenteil sogar emotionslos und desinteressiert werden, sich leer fühlen. Ihr Ausgebranntsein ist dann die natürliche Folge Ihres starken emotionalen Engagements. Das sollte Ihnen nicht passieren. Falls es immer unterschiedliche Dinge oder Mitarbeiter sind, mit denen Sie sich gedanklich nach Feierabend noch beschäftigen, dann sollten Sie die oben genannten Tipps beherzigen.

Vorsicht, Mitarbeiter im Ehebett

Wenn es jedoch immer derselbe Mitarbeiter ist, der Ihnen nach Feierabend durch den Kopf geht, hat dieser Mensch Einzug gehalten in Ihr Privatleben, und da hat er nichts verloren. Das gilt auch für den Fall, dass Sie mit Ihrem Partner oder Ihrer Partnerin immer wieder über denselben Mitarbeiter sprechen. Dass es wertvoll ist, sich nach der Arbeit gegenseitig das Herz auszuschütten und sich den Tag von der Seele zu reden, stand schon oben. Andere Perspektiven sind immer hilfreich. Aber wenn Ihre Partnerschaftsgespräche wiederholt um denselben Mitarbeiter kreisen, liegt dieser Mensch bildlich gesprochen bei Ihnen in der Bettritze. Und da hat er erst recht nichts zu suchen.

Sich Unterstützung holen

Sie sind kein Superheld, der sich unbegrenzt verausgaben kann und dabei immer noch aussieht wie aus dem Ei gepellt. Sie sind ein Mensch mit Herz und Verstand und eben mit Grenzen, auch was die Belastbarkeit und die Kompetenzen angeht. Dies zu erkennen und sich selbst einzugestehen, ist ein Zeichen von Stärke und ein wichtiger erster Schritt. Dann stellt sich die Frage, mit wem Sie die Verantwortung teilen oder ob Sie sie sogar abgeben können. Sie sind nicht alleinverantwortlich. Die Unterstützungsstrukturen sehen in deutschen Unternehmen allerdings ganz unterschiedlich aus. Wenn Sie Glück haben, gibt es in Ihrem Unternehmen eine Sozialberaterin oder einen betrieblichen Sozialdienst. Beide Instanzen können Sie in Anspruch nehmen, auch um sich zum Beispiel Tipps für ein Gespräch mit dem betroffenen Mitarbeiter zu holen.

Fürsorgepflicht Ihres Chefs

Eine Instanz, die Sie als Sandwich-Führungskraft in jedem Fall in Anspruch nehmen können, ist ... Ihr Chef! Genauso wie Sie eine Fürsorgepflicht Ihren Mitarbeitern gegenüber haben, hat er diese Pflicht Ihnen gegenüber. Erinnern Sie ihn daran, auch wenn es Herzklopfen kostet. Letztlich zeigen Sie damit, dass Ihnen Ihre Leute nicht egal sind, und Sie hoffen, dass auch Sie ihm nicht gleichgültig sind. Sehr häufig ist es sinnvoll, den Betriebsrat hinzuzuziehen, zum Beispiel in Konfliktfällen, oder auch den Betriebsarzt. Manchmal fühlen sich auch Kollegen auf gleicher Hierarchiestufe geehrt, wenn sie um Tipps gebeten werden in Sachen Mitarbeiterführung. Natürlich kostet es zunächst Mut, sich derartig zu öffnen. Es besteht die Gefahr, dass der andere Sie als defizitär betrachtet, Sie geben einen Vertrauensvorschuss. In den meisten Fällen wird das Vertrauen jedoch belohnt werden, und zwar in mehrfacher Hinsicht. Das Gegenüber ist beeindruckt von Ihrem Vertrauen, Sie erhalten Unterstützung und Entlastung, und Ihr Feierabend ist gerettet.

Kompakt

Tipps zum Abschalten nach Feierabend

- Setzen Sie Kontrapunkte: Wählen Sie für den Feierabend bewusst Tätigkeiten aus, die das Gegenteil Ihrer Arbeitstätigkeit darstellen.
- Schaffen Sie Rituale. Die geben Sicherheit und erhalten Sie gesund, gerade in Zeiten von Veränderungen.
- Sorgen Sie für Konzentration statt Zerstreuung. So erlauben Sie Ihrem Hirn, wirklich zur Ruhe zu kommen.
- Achten Sie als Führungskraft auf Ihre Grenzen und geben Sie rechtzeitig ab. Das ist ein Zeichen von Stärke und entlastet Ihre Psyche, so dass Sie unbeschwert in den Feierabend starten können.

Literaturverzeichnis

Bauer, Jürgen: *Prinzip Menschlichkeit*. Hamburg: Hoffmann und Campe, 2006.

Brinkmann, Ralf D. / Stapf, Kurt H.: *Innere Kündigung. Wenn der Job zur Fassade wird*. München: C. H. Beck, 2005.

Bundesanstalt für Arbeitsschutz und Arbeitsmedizin: *Wohlbefinden im Büro*. Abrufbar unter: www.baua.de, 2004.

Goleman, Daniel / Boyatzis, Richard / McKee, Annie: *Emotionale Führung*. Berlin: Ullstein, 2003.

Initiative Neue Qualität der Arbeit (INQA): *Was ist gute Arbeit?* Abrufbar unter: www.inqa.de, 2006.

Kroschel-Lobodda, Evelyn: *Die Dynamik von Frustration und Kränkung*. Bundeszahnärzteblatt Juni 2006. Abrufbar unter: www.bzb-online.de, 2006.

Manzoni, Jean-Francois / Barsoux, Jean-Louis: *Das Versager-Syndrom. Wie Chefs ihre Mitarbeiter ausbremsen und wie es besser geht*. München: Hanser, 2003.

Matyssek, Anne Katrin: *Chefsache: Gesundes Team – Gesunde Bilanz. Ein Leitfaden zur gesundheitsgerechten Mitarbeiterführung*. Wiesbaden: Universum, 2003.

Meyer, Markus: *Psychosoziale Belastungen am Arbeitsplatz. Einfluss auf das Wohlbefinden und die Gesundheit der Mitarbeiter*. Essen: BKK-Bundesverband, 2001.

Sprenger, Reinhard K.: *Vertrauen führt. Worauf es im Unternehmen wirklich ankommt*. Frankfurt/Main: Campus, 2004.

Unger, Hans-Peter / Kleinschmidt, Carola: *Bevor der Job krank macht. Wie uns die heutige Arbeitswelt in die seelische Erschöpfung treibt und was man dagegen tun kann*. München: Kösel, 2006.

Weber, Andreas / Hörmann, Georg (Hrsg.): *Psychosoziale Gesundheit im Beruf*. Stuttgart: Gentner, 2007.

Stichwortverzeichnis

Abschalten 140, 144
Abwehrhaltung 95
Anerkennungsgeiz 18
Anker 61 f.
Atmung 85, 133
Ausdauertraining 140 f.
Autorität 107, 109

Bahnung 59, 62
Bedürfnisse 40, 42, 45
Befindlichkeitsstörungen 25
Beschwerden 44
Betriebsklima 66, 69, 74–76
Bewegungsübungen 78, 86, 90, 92
Beziehungsaufgabe 14
Beziehungsebene 115
Blickkontakt 55, 89, 93
Blutdruck 84, 108, 128
Burnout 29 f.

Daueraktivierung 141
Dauerstress 26 f., 29
Delegieren 131
Depressionen 29

Egoismus, gesunder 119, 123 f.
Einschlafritual 149
Emotionen 49 f., 107, 111, 114
Entschuldigung 137
Erholung 37, 142
Erreichbarkeit 143

Fachaufgabe 14
Faktor Mensch 55
Feedback 48 f., 100–102, 105
Fehler 51, 135 f.
Feierabend 139, 142
Feierabend-Schlüsselreiz 145
Führungsmythen 25 f.
Fürsorgepflicht 19, 30, 80–90,152

Grenzen setzen 124

Haltung 59–62
Herzinfarkt 27, 117
Herz-Kreislauf-System 26 f.

Immunsystem 26, 32, 70, 130

Karriereorientierung 24
Kontrastprogramm 140
Körperhaltung 79
Kostenfaktor 54
Kränkung 106–116
Kränkungs-Rache-Spirale 106–116
Kritik 97 f., 100 f., 105, 114

Lächeln 18, 22, 55 f., 78, 84, 98 f.
Lärm 36
Lästereien 76
Lebensbalance 34
Leistung 66, 69 f., 85 f.

Leistungsfähigkeit 92, 108, 125
Lieblinge 73
Lob 59

Magen-Darm-Beschwerden 28, 108, 130
Mediationsgespräch 103
Menschenbild 64
Mimosen 113
Mittagspause 92
Multitasking 143

Neinsagen 120

Pausengestaltung 37
Point of Leadership 48
Pokerface 49
Positive Verstärkung 91
Privatleben 14, 118, 123 f., 151
Produktivität 66, 92, 109
Psychische Belastungen 80, 82, 93
Psychische Erkrankungen 29

Respekt 124, 136 f.
Rituale 145 f.
Rückenschmerzen 70

Sandwich-Feedbacktechnik 101
Sandwich-Position 15, 80, 114
Schlafstörungen 139, 147
Selbstfürsorge 31, 123

Selbstwertgefühl 67, 83, 95, 102, 110, 112
Selbstwertschätzung 21, 67
Soziale Unterstützung 81–83
Soziales Netz 32
Stimmung 78
Störfaktoren 36
Störungsempfinden 37
Stress 80, 89, 129, 134 f., 141
Stress-Prävention 80 f.
Stress-Symptome 85, 130

Tagesabschlussarbeit 148
Teamentwicklungsmaßnahmen 77
Tinnitus 27, 130

Umstrukturierungen 42, 114
Unterwerfungsgesten 96

Verbesserungsvorschläge 54, 71
Verteidigungshaltung 95, 110, 115
Vertrauen 49, 54, 131 f.
Vorbildfunktion 19 f., 52, 78 f., 90, 92

Warnsignale, körperliche 27 f., 118, 130
Wertschätzung 20, 42, 53, 59, 65 f., 113
Wertschätzungsvorschuss 115
Wohlbefinden 128

Zielkonflikte 16

Über die Autorin

Dr. Anne Katrin Matyssek, geb. 1968, Diplom-Psychologin und approbierte Psychotherapeutin, hat sich spezialisiert auf gesundheitsgerechte Mitarbeiterführung. Das Motto ihrer Arbeit lautet „do care!", was so viel heißt wie „Interessier dich!". Es steht für ein gesundes Miteinander im Betrieb und bezieht sich auf den Umgang mit Mitarbeitern und Kollegen, aber auch auf den Umgang mit sich selbst.

Ihr Anliegen ist die Verbesserung des zwischenmenschlichen Wohlbefindens in Unternehmen, über alle Hierarchiestufen hinweg – damit es nicht heißt: „Der macht mich noch krank!" Hierzu hält sie Vorträge und Seminare für Firmen der freien Wirtschaft und für Verwaltungen.

Weitere Informationen finden Sie unter *www.do-care.de* im Internet.

 **Business-Bücher für Erfolg und Karriere**

Erfolgreiche Teamarbeit
220 Seiten
ISBN 978-3-89749-585-2

Wenn die anderen das Problem sind
218 Seiten
ISBN 978-3-89749-586-9

Methodenkoffer Führung und Zusammenarbeit
350 Seiten
ISBN 978-3-89749-587-6

Methodenkoffer Persönlichkeitsentwicklung
350 Seiten
ISBN 978-3-89749-672-9

Das Leuchtturm-Prinzip
184 Seiten
ISBN 978-3-89749-627-9

Der Omega-Faulpelz
144 Seiten
ISBN 978-3-89749-628-6

Projektmanagement
208 Seiten
ISBN 978-3-89749-629-3

Soft Skills für Young Professionals
648 Seiten
ISBN 978-3-89749-630-9

Vertrauen und Führung
160 Seiten
ISBN 978-3-89749-670-5

5 coole Ideen
140 Seiten
ISBN 978-3-89749-671-2

Small Talk von A bis Z
160 Seiten
ISBN 978-3-89749-673-6

Toolbox Business-Kommunikation
140 Seiten
ISBN 978-3-89749-674-3

Informationen über weitere Titel unseres Verlagsprogrammes erhalten Sie in Ihrer Buchhandlung, unter **info@gabal-verlag.de** oder **www.gabal-shop.de**.

 **Bestseller von Stephen R. Covey und Sean Covey**

Bücher

Stephen R. Covey
Die 7 Wege zur Effektivität
368 Seiten
ISBN 978-3-89749-573-9

Stephen R. Covey
Der 8. Weg
432 Seiten
ISBN 978-3-89749-574-6

Sean Covey
Die 7 Wege zur Effektivität für Jungendliche
352 Seiten
ISBN 978-3-89749-663-7

Stephen R. Covey
Die 7 Wege zur Effektivität für Familien
ca. 400 Seiten
ISBN 978-3-89749-728-5

Hörbücher

Stephen R. Covey
Der 8. Weg
12 CDs,
Laufzeit ca. 840 Minuten
Box, ungekürzt
ISBN 978-3-89749-688-0

Stephen R. Covey
Die 7 Wege zur Effektivität
10 CDs,
Laufzeit ca. 690 Minuten
Box, ungekürzt
ISBN 978-3-89749-624-8

Kartenset

Stephen R. Covey
Die 7 Wege zur Effektivität
Kartendeck mit 50 Karten
ISBN 978-3-89749-662-0

Viele Managementmoden und -trends kommen und gehen – Coveys Prinzipien sind durch ihre Klarheit, Einfachheit und Universalität aktueller denn je.

Informationen über weitere Titel unseres Verlagsprogrammes erhalten Sie in Ihrer Buchhandlung, unter **info@gabal-verlag.de** oder **www.gabal-shop.de.**

GABAL — Bücher für Management

Verkäufer Coaching
190 Seiten, gebunden
ISBN 978-3-89749-570-8

Strategischer Verkauf
192 Seiten, gebunden
ISBN 978-3-89749-650-7

Unternehmensführerschein
256 Seiten, gebunden
ISBN 978-3-89749-575-3

Die Umsatz-Maschine
240 Seiten, gebunden
ISBN 978-3-89749-631-6

FOODSPORT®
272 Seiten, gebunden
ISBN 978-3-89749-633-0

Erfolgreich als Sachbuchautor
336 Seiten, gebunden
ISBN 978-3-89749-632-3

Value of Investment
157 Seiten, gebunden
ISBN 978-3-89749-634-7

Die heiligen Kühe und die Wölfe des Wandels
400 Seiten, gebunden
ISBN 978-3-89749-666-8

Das 21. Jahrhundert ist weiblich
270 Seiten, gebunden
ISBN 978-3-89749-667-5

TQS – Total Quality Selling
250 Seiten, gebunden
ISBN 978-3-89749-668-2

Die fünf ZukunftsBrillen
250 Seiten, gebunden
ISBN 978-3-89749-669-9

Was Führungskräfte und Mitarbeiter vom Spitzensport lernen können
192 Seiten, gebunden
ISBN 978-3-89749-653-8

Informationen über weitere Titel unseres Verlagsprogrammes erhalten Sie in Ihrer Buchhandlung, unter **info@gabal-verlag.de** oder **www.gabal-shop.de**.

Karriere-Ratgeber mit Internet-Workshop

mind maps mit
mindmanager®
140 Seiten
ISBN 978-3-89749-675-0

outlook für die praxis
140 Seiten
ISBN 978-3-89749-589-0

einfach besser texten
140 Seiten
ISBN 978-3-89749-590-6

bewerben in
traumbranchen
128 Seiten
ISBN 978-3-89749-553-1

assessment center
160 Seiten
ISBN 978-3-89749-552-4

persönlichkeitsmarketing
128 Seiten
ISBN 978-3-89749-510-4

überzeugen ohne zu
argumentieren
128 Seiten
ISBN 978-3-89749-511-1

die 100%-bewerbung
160 Seiten
ISBN 978-3-89749-462-6

business with
the japanese
128 Seiten
ISBN 978-3-89749-461-9

busiquette –
korrektes verhalten im job
128 Seiten
ISBN 978-3-89749-289-9

sie bekommen nicht, was
sie verdienen, sondern was
sie verhandeln
128 Seiten
ISBN 978-3-89749-177-9

nutzen bieten –
kunden gewinnen
144 Seiten
ISBN 978-3-89749-254-7

Informationen über weitere Titel unseres Verlagsprogrammes
erhalten Sie in Ihrer Buchhandlung, unter **info@gabal-verlag.de**
oder **www.gabal-shop.de**.